绿植格调

250 种清新植物挑选·装饰·养护

Living with Plants

日本朝日新闻出版　编著

佟凡　译

机械工业出版社
CHINA MACHINE PRESS

写在前面

在充满绿意的房间中
度过愉快的时光

植物让生活充满情趣，让我们置身于可以放松的空间。

绿植是室内设计元素之一，也是与我们共同呼吸的同伴。

希望我们都能过得舒适愉快。

绿植也是室内设计的一部分。帽架下方备着藤圈，兴致来了就能立刻着手制作植物花环。

永远不要忘记
在放松的空间中加入绿植

客厅是家人相聚的场所，治愈大家心灵的绿植不可或缺。

平平凡凡的场所，一盆植物就能让景色和氛围完全改变。

在触手可及之处放上香草。剪下的枝条简单地插在玻璃瓶中，就成了一个漂亮的装饰品。

室内的绿植和阳台上的绿植相连，仿佛融为一体。

根据房间和用途选择植物

这里适合放什么样的植物？在哪里放植物会令人愉快？

只是想想就会感到兴奋。

1 墙上的瓷砖、画和植物完美融合。
2 叶子颜色明亮的植物，是早上起来就能让人充满活力的能量源泉。

创作、装饰，让家成为美术馆

使用植物做成花环和花束，无论是创作过程还是装饰过程都令人愉快。

这些作品还能成为连接室内设计和绿植的桥梁。

1　通过融入观叶植物、花环和花束，装饰着艺术作品的复古风格房间被打造成平静安闲的空间。

2　干花花环同样是手工制作的。新鲜植物的造型随着时间的流逝渐渐充满韵味。

随着时间的流逝，感染力逐渐增加的银桦花环，仿佛吸收了时间的精华。

Shop with plants
——— 植物与店铺 ———

生机勃勃的植物
在宁静安然的店里
熠熠生辉

[PARLOR 8ablish]

受到精心打理的植物是店铺的门面，
仿佛能听到它们说出"欢迎光临"。
很多老顾客会带着期待来到店里，
看看之前长出新芽的植物现在怎么样了。

（▶ P.122）

高处的吊篮中，植物逐渐长大，越长越长。来访的客人会心存期待，想着枝叶究竟能垂到哪里。

都市绿洲，
树屋上的绿色乐园

[Fleur Universelle]

难以相信这里是都市的中心。
客人被大片绿色吸引进店里，甚至能听到小鸟们的声音。
真想在这里尽情深呼吸。

(▶ P.118)

大树的叶子仿佛触手可及，这是置身于屋顶花园的特权，令人想要独占这份绿意。

目录 CONTENTS

第 1 章 | 绿色生活初享者 将植物带进房间

第 1 章

绿色生活初享者
将植物带进房间

植物不仅能治愈我们的心灵，还是与我们共同生活的同伴，我们会关心它们的健康。本章将为在室内培育绿植的新手介绍很多实用的诀窍。

观叶植物为生活增加情趣

其实，人们对观叶植物并不太了解。
它们有哪些种类？是不是很难照顾？
要怎样装饰才能让房间变得漂亮？

观叶植物有生命，要选择能让它们茁壮成长的地点

有不少人以前没有想过要培育植物，但由于某些原因，在家的时间增加了，突然就对植物产生了兴趣。或许在线上会议的背景中看到别人家里的观叶植物，就会产生"真好，我也想要"的念头。观叶植物原本主要是在室内培育、观赏的，如今它们已经成为室内设计中不可或缺的一部分。不仅如此，绿植治愈心灵、净化空间的作用同样受到了人们的关注。

观叶植物给人类带来了很多美好之处，但我们也不能忘记它们是有生命的。请用心思考如何让喜欢的植物顺利生长，放在家里的什么地方才能让它们茁壮成长。

Point

01

摆在何处?

思考摆放地点

大多数观叶植物都喜欢明亮处，并且不喜欢直射阳光。请在家中寻找合适的地点吧。

选择诀窍

第一次选择观叶植物时，首先要确定植物的摆放地点，然后选择适合该地点环境，符合自己心仪风格的植物。

窗边

推荐有蕾丝窗帘遮挡，或者可以通过百叶窗调节亮度，并且通风良好的环境。

厨房

1　如果厨房台面的角落有一小块地方，可以充分利用其高度，让那里成为室内装饰的重点。

2　厨房台面上垂下的枝条能够引人注目。可以摆放烹饪时会用到的香草或者混栽观叶植物。

3　摆放小装饰品的架子上，也可以放一盆迷你观叶植物，营造出治愈心灵的空间。

适合摆放大盆植物的地点

1 在空间充足的区域放一盆长叶榕。它的叶子较大，一盆植株就拥有极强的存在感。

2 放在边几和放在地板上的观叶植物，全部使用了形状圆润的花瓶，达成统一效果。

玄 关

用令人印象深刻的植物迎接客人

1 凳子与地板、窗框风格统一，上面放着一株龟背竹。据说将龟背竹放在玄关处能带来好运。笔直的植物不会妨碍行走路线。

2 玄关内侧很难晒到太阳，请选择耐阴植物放在此处。照片中的是春羽。

容易培育的植物

多种多样的植物让人目不暇接，如果希望更加长久地与绿植一起生活，选择的第一盆植物非常重要。

观叶植物的叶子颜色和形状多种多样，选择的过程同样令人愉悦。

第一盆植物要选择容易培育的

观叶植物令人向往。最近，就连在杂货店都能买到形状独特、稀有的植物了。虽然这些植物的外形很吸引眼球，可是，新手在选购第一盆植物时，最需要关注的一点应该是打理起来比较简单。当第一盆植物长势喜人时，就更容易坚持培育下去了。

新手最好选择在任何环境中都能简单培育的观叶植物。经常会出现看着明亮的地点却早晚温度很低的情况。最好能够选择在较为恶劣的环境中也能茁壮成长，耐寒性、耐热性、耐阴性均强，不需要勤浇水的品种。后文将介绍新手也能轻松培育的植物。建议事先了解之后再购买。

竹节椰
Chamaedorea

科·属名	棕榈科　竹节椰属
原产地	墨西哥
耐寒性	弱
耐热性	强
耐阴性	强

竹节椰叶子纤细，培育简单，很受欢迎。由于不同品种的高度不同，购买时需要确认成株尺寸。

(特　征)

虽然日文名字中有"テーブル（桌子）"，但其实该属植物的高度能达到 3 米。小型品种有袖珍椰子和韦椰状竹节椰。如果从标签上无法看出品种，可以询问店员植物长大后的尺寸。虽属于棕榈科，不过它们在阴暗的室内也能茁壮成长，徒长的情况较少。叶子纤细挺拔，有银绿色和深绿色两种颜色。

(培育要点)

竹节椰在明亮的背阴处最容易生长。强光会引起烧叶现象，夏季要注意避免阳光直射。从春天到秋天，等花盆中的土壤干透后浇足水，直到水从盆底的小孔流出为止。冬天减少浇水量，可以适当在叶子上浇水。在春天到秋天的生长期，每两个月施一次缓效性肥料。叶子干枯时严禁施肥。

绿萝
Epipremnum aureum

它是生命力强，容易培育的藤本植物。带斑纹的品种请注意避免光照不足。

科·属名	天南星科　麒麟叶属
原产地	所罗门群岛
耐寒性	普通
耐热性	弱
耐阴性	强

（特征）

藤蔓能伸得很长。可以用支柱支撑植物向上生长，也可以欣赏枝叶下垂的形态。特点是植株生长旺盛，过长的枝叶剪下来插入水中或水苔，可以生根，也可以种在小花盆中作为迷你观叶植物。最近出现了丰富的品种，有的叶子颜色鲜亮，有的叶子上有斑纹。

（培育要点）

绿萝具有耐阴性，不过在能晒到太阳的地方，叶子和斑纹的颜色更容易保持鲜艳。夏季避免阳光直射，推荐放在蕾丝窗帘后。土壤干透后充分浇水。在使用空调的干燥房间或者夏季，在叶子上喷水同样有补水效果。春天到夏天，每两个月在土壤上放一次缓效性肥料。很少发生病虫害，要注意预防叶螨（俗称红蜘蛛）和介壳虫。

球绿
Global Green

2020 年开始发售的新品种。叶子有光泽，手感柔软，酸橙绿色的斑纹给人留下温柔的印象。

酸橙
Lime

酸橙绿色能让室内显得明亮，很受欢迎。在阳光好的地方培育，叶子会更加富有光泽；在阴凉处培育，则绿色会变深。

大理石皇后
Marble Queen

不规则的斑纹从白色到黄色渐变，外形美丽。它生命力强，容易培育，在绿萝中属于耐寒性较差的品种，按照常规方法培育的植株容易烂根或者生病。培育时要仔细观察。

悦享
Enjoy

绿叶上有一圈白色斑纹，外形富有个性。它生长缓慢，不容易走形，因此新手也能轻松培育。

丝苇
Rhipsalis

丝苇原本是在热带雨林中生长的仙人掌，茎细长，形状独特，适合装饰室内。可爱的花和果实同样富有魅力。

科·属名	仙人掌科　丝苇属
原产地	拉丁美洲、非洲等
耐寒性	弱
耐热性	普通
耐阴性	普通

特征

丝苇的茎细长，呈线绳状，外形独特，有时会被放在多肉区域出售。有的品种向上生长，有的品种向下生长，植株特点是茎前端会分叉，向各个方向伸展。4—6月，茎稍儿会开出小花，花谢后结出白色的球形小果实。在春天和秋天剪下伸长的茎，插在土中能够生根。

培育要点

避免阳光直射，最好种在明亮的背阴处。丝苇在难以晒到太阳的地方也能生长，不过要保证通风良好。春天和秋天是生长期，每隔2~4周，在太阳下山后浇足水。植株在夏天生长缓慢，要减少浇水次数，可以在叶子上喷水；冬天停止生长，几乎不需要浇水，只需要当室内干燥时在叶子上喷水。春天和秋天施缓效性肥料。

垂枝绿珊瑚

上图：丝苇中的人气品种。茎会不断生长，枝繁叶茂。挂在高处时茎会向下生长。
左下图：茎稍儿是红色的。培育的乐趣在于观察茎向什么方向生长。
右下图：别名为女仙苇、千代松。粒状短茎密集，仿佛要包围主茎一样。

垂枝绿珊瑚

番杏柳

优雅龙血树
Dracaena concinna

细长的叶子很美，不同品种叶子的颜色不同。修长的形状能够让房间的氛围更加高雅。

科·属名	天门冬科　龙血树属
原产地	毛里求斯
耐寒性	弱
耐热性	强
耐阴性	普通

特 征

龙血树种类繁多，优雅龙血树的特点是叶子细长、锐利，呈放射状。美丽的叶子形状笔直，不同品种颜色不同。生命力强，容易培育，较矮的品种可以水培。优雅龙血树作为室内装饰非常时尚。幼年期只有一根枝干，随着植株越来越高，茎会分叉，还可以欣赏茎的弯曲方式。

培育要点

要在无直射阳光的明亮处培育。直射阳光会引起烧叶现象。光照不足会导致叶子萎蔫。虽然优雅龙血树有一定耐寒性，不过要避免室温低于 5℃。土壤表面干燥后浇足水。干燥时可以在叶子上洒水。5—7 月生长期时施缓效性肥料。需要注意，施肥过量会烧伤植株。

白色奥利（White Holli）

上图：叶上有象牙色的覆轮花纹，象牙色与绿色的对比很美。在龙血树中它属于外形柔和的品种。
左下图：绿色的叶子上点缀着红色，它是和原种相近的品种。
右下图：叶子的红色条纹很美，颜色华丽，仿佛开出了红色的花。

马尾铁

彩虹（Rainbow）

虎尾兰
Sansevieria

肉质的细长叶子令人印象深刻，据说能产生负氧离子。耐旱性强，培育简单，适合新手种植。

科·属名	天门冬科　虎尾兰属
原产地	非洲、马达加斯加
耐寒性	弱
耐热性	强
耐阴性	普通

特　征

虎尾兰又名虎皮兰、千岁兰，自古以来就是日本人熟悉的观叶植物。因为能产生负氧离子，净化空气，虎尾兰近年来再次受到人们的喜爱。厚实的叶子有笔直生长的和螺旋状展开的。地下的茎能分出子株，叶子的纹路很美。

培育要点

春、秋、冬三季放在能晒到太阳的地方，夏天放在蕾丝窗帘后。从春天到秋天，土壤表面干燥后浇足水。冬天减少浇水量，温度低于15℃后彻底断水（不再浇水）。地下茎如果长势太猛，花盆可能会裂开，可以每三年换一次盆。

银哈尼（Silver Hahnii）

银绿色和横条纹很美。叶子不是笔直向上生长的，而是呈浑厚、整齐的状态，与圆花盆相得益彰。

美丽虎尾兰"古铜（Coppertone）"

叶子是铜褐色的，弯曲的形状富有魅力。因为稀有，所以流通量少。植株生长缓慢，生命力强，不容易走形。

金边虎尾兰

叶子尖，黄色覆轮花纹很优雅。它是人气品种，是市场上最常见的品种。高度可达1~2米。

锡兰虎尾兰

深绿色上有横纹的叶子雅致沉稳。它在虎尾兰中是较接近原种的品种，耐旱性强，推荐新手培育。

发财树
Pachira aquatica

除了笔直伸展的树干上长叶子的品种，还有树干分成三股的品种。生命力强，容易培育，是适合新手种植的观叶植物。

科·属名	木棉科　瓜栗属
原产地	拉丁美洲
耐寒性	弱
耐热性	强
耐阴性	普通

（特　征）

粗壮的树干上长出长长的叶柄，连接着几片叶子，外形令人印象深刻。叶子较少时给人清凉的感觉，较多时有助于营造出绿意盎然的空间。也有叶子带白色、黄色斑纹的品种。

（培育要点）

将植株放在光线好的位置，等土壤表面干燥后浇足水。植株耐旱，不过断水后会落叶。冬天减少浇水量，室内温度低于 3℃后不再浇水。春天至秋天施缓效性肥料。

熊猫榕
Ficus retusa 'Panda'

自古以来它被人们认为是有灵魂寄居的树木。独特的树形赏心悦目。气根生长速度快，可以 2~3 年换一次盆。

科·属名	桑科　榕属
原产地	日本冲绳、东南亚、密克罗尼西亚、中国台湾、澳大利亚
耐寒性	普通
耐热性	强
耐阴性	普通

（特　征）

从树干伸出的好几根气根会延伸至土面，气根可以支撑植株。叶子呈深绿色，厚实且富有光泽。叶子边缘会有白点，但这并不是生病了。

（培育要点）

春天到秋天可以在室外培育。夏天要避免阳光直射，可以选择给植株遮光或者将其放在背阴处。在室内培育时，要放在光线好的位置。春天到秋天，等土壤干燥后浇足水，冬天保持干燥。春天到秋天施缓效性肥料。

南鹅掌柴
Schefflera

叶子像手掌。植株生命力强,生长速度快,长大后可以用支架支撑。如果要保持小巧的植株形态,则需要修剪。剪断的部位容易长出新叶。

科·属名	五加科　南鹅掌柴属
原产地	中国台湾、中国南部
耐寒性	强
耐热性	强
耐阴性	普通

（特　征）

茎秆笔直,叶子富有光泽,形状像手掌。全世界大约有 600 个品种,从迷你观叶植物到乔木,应有尽有。叶子呈深绿色,有的品种叶子上有黄色或白色斑纹。

（培育要点）

南鹅掌柴耐阴性强,可以在半背阴处茁壮成长。但如果希望树形更加美丽,则需要将植株放在光线好的位置。植株生长速度快,枝叶过长时需要修剪。从春天到秋天,等土壤表面干燥后浇水,冬天减少浇水量。

鹿角蕨
Platycerium

鹿角蕨可以附着在木板上,用于室内装饰。只要能顺利过冬,就能茁壮成长。

科·属名	鹿角蕨科　鹿角蕨属
原产地	非洲、马达加斯加、东南亚等热带地区
耐寒性	普通
耐热性	强
耐阴性	普通

（特　征）

植物如其名,人们可以欣赏到叶子像蝙蝠的翅膀（日文名字有蝙蝠兰之意）或者鹿角一样展开的姿态。野生环境下鹿角蕨附着在木头上生长。作为观叶植物时,可以将其种在花盆里、挂起来或者附着在木板上用来装饰墙壁。

（培育要点）

避免夏季阳光直射,在光线好的地方培育。等土壤或水苔干燥后浇水。春秋时每隔两个月施一次缓效性肥料。

榕树
Ficus

在日本人的印象中，昭和时代的咖啡馆里会放榕树。其衍生品种中有很多时尚的品种。

科·属名	桑科　榕属
原产地	全世界的热带至温带地区（根据品种）
耐寒性	普通　※ 不同品种略有差异
耐热性	强　※ 不同品种略有差异
耐阴性	普通　※ 不同品种略有差异

特征

全世界的榕树大约有 850 种，树形、叶形多种多样，有常绿品种、落叶品种和藤本品种。可以选择适合环境和室内装饰风格的品种。榕树的魅力在于任何品种都有较强的存在感，新手也能轻松培育。它们生长旺盛，就算在寒冷的冬天落叶，到了春天依然会长出新芽。健康植株的根部有可能塞满花盆，当生长速度减缓时需要换为更大的花盆。

培育要点

光线不足时会掉叶子，要在明亮的地点培育。如果选择耐寒性差的品种，低温时期要格外注意，需将其移到光线好的地点。必须等土壤表面干燥后再浇水。干燥时植株不易枯萎，但是浇水过量时容易烂根。另外，大叶品种容易在干燥时生叶螨，因此建议在叶子上洒水或者擦拭叶片。不施肥也能生长，如果要施肥，请选择在春季到秋季之间进行。

高山榕

上图：高山榕的特点是叶脉和叶缘有黄色斑纹。在阳光下培育时，斑纹更清晰美丽。枝干柔软，可以用铁丝弯曲造型。

左下图：橡皮树"勃艮第"的别名为黑橡皮树。它的叶子厚实富有光泽，是接近黑色的典雅绿。红色新芽同样美丽。

右下图：橡皮树"勃艮第"的变种。淡绿色的叶片上有象牙色的覆轮花纹。和橡皮树"勃艮第"一样，新芽是红色的，颜色对比很美丽。

橡皮树"勃艮第（Burgundy）"

橡皮树"廷克（Tineke）"

人气 常春藤

常春藤属品种众多，是观叶植物中的知名植物。

常春藤是常绿藤本植物，有纯绿色的品种，也有带白色、黄色斑纹的品种，且叶子缺刻深浅不同。它喜光，有一定耐阴性，可以在室内培育。有不少人将常春藤作为家里的第一盆植物。请新手仔细观察植物的长势，自己找到浇水频率和培育的窍门吧。

它叶子的形状和藤蔓的走势很有设计感，可以作为美丽的室内装饰植物。选择适合屋内空间的花盆与之搭配同样是一种乐趣。

精心装扮的窗边

附生植物的根部也很有欣赏价值，请将其挂在窗边欣赏整体的效果吧。

不在土壤中生长，而是扎根在木头、岩石等地方的附生植物的根部也很美观。万代兰（③）根部可以蓄积水分，不需要花盆它也能生长，且会开出鲜艳的花朵。类似于万代兰的附生兰可以用来欣赏花朵，享受香气。推荐将常春藤、丝苇等下垂的观叶植物挂起来，将附生植物也挂起来。

① 树兰　　② ③ 万代兰　　④ 珠果花烛
⑤ 番杏柳　　⑥ 紫柱腭唇兰　　⑦ 南鹅掌柴

看着从篮子里伸出的根须，仿佛感觉到强大的生命力喷涌而出。

孟加拉榕
Ficus benghalensis （大型）

尺寸应有尽有，小的孟加拉榕可以放在桌上，大型品种也很多。大盆里的植株更引人注目。树干随着生长逐渐变成美丽的白色，推荐将其作为室内的标志性植物培育。

科·属名	桑科　榕属
原产地	印度、斯里兰卡、东南亚
耐寒性	普通
耐热性	强
耐阴性	普通

（特　征）

孟加拉榕也被称为孟加拉橡皮树、孟加拉菩提树，象征长寿。在原产地植株高度可达 30m 以上。树干会随着生长逐渐变白，树形也很美丽，椭圆形的叶子很可爱。

（培育要点）

最好将孟加拉榕摆在光照好的明亮地点，避免夏季阳光直射，注意不要让植株直接吹空调风。土壤表面干燥后浇足水，冬天减少浇水量。春天到秋天每 1~2 个月施一次缓效性肥料。

鹅掌藤
Schefflera arboricola （大型）

鹅掌藤，树干和树叶结构平衡，是如花一般的观叶植物。叶子像可爱的手掌，可以作为室内一处温馨的景观。有的品种能长出气根，请配合房间的氛围选择品种。

科·属名	五加科　南鹅掌柴属
原产地	中国台湾、中国南部
耐寒性	强
耐热性	强
耐阴性	普通

（特　征）

树干笔直，手掌一样的叶子富有光泽，放在室内时，和小型品种一样存在感很强。植株容易长大，因此需要进行适当修剪。

（培育要点）

培育要点基本与小型品种的相同。春天到夏天等土壤干燥后浇足水，秋天到冬天保持干燥。植株长得太高或不协调时要修剪枝条。

大琴叶榕"宝贝"

Ficus lyrata 'Bambino' 〔大型〕

本品种生长速度较慢，可以长久保持树形，选择大型植株时可根据树干的弯曲程度进行挑选。除了欣赏造型，也能欣赏新叶接连长出的样子。

科·属名	桑科　榕属
原产地	非洲热带地区
耐寒性	普通
耐热性	普通
耐阴性	普通

〔特　征〕

它是大琴叶榕的"紧凑版"，深绿色的叶子很雅致。叶子比普通大琴叶榕的小，树形紧凑。

〔培育要点〕

本品种有一定的耐阴性，可以在较为阴暗的地方培育。不过要想让植株长得更好，应该尽量在无直射阳光的明亮处培育。土壤表面干燥后浇足水，冬天保持干燥。从春天到秋天，每个月施一次缓效性肥料。

大型龙血树 〔大型〕

Dracaena

美丽细长的枝条很有个性，可以欣赏其笔直的姿态，也可以动手让枝条弯曲。

〔特　征〕

轻盈的细叶和枝条让室内显得清爽。可以用铁丝或者绳子固定枝干和花盆，让枝干弯曲成自己心仪的形状。

〔培育要点〕

夏天放在半背阴处，春天和秋天放在光线好的地方。如果植株长得过大，可以在春天到初夏修剪。土壤表面干燥后浇水。

吕宋鹅掌柴 〔大型〕

Schefflera actinophylla

和南鹅掌柴属的其他品种相比，手掌形的叶子更大，片数更多，显得生机勃勃。

〔特　征〕

叶子的形状像伞一样，所以吕宋鹅掌柴又叫伞树。柔软的大叶子能让所在空间显得舒适怡人。也有带斑纹的品种。

〔培育要点〕

放在能晒到太阳，不会直接吹到空调风的地方。春天到秋天等土壤表面干燥后浇水，冬天土壤干燥后等几天再浇水。

店铺众多！

确定购买渠道

售卖观叶植物的店铺有各种类型，也有各自的优缺点。请事先了解后，再愉快地采购吧。

购买诀窍

观叶植物有各种购买渠道。下面为大家分门别类地介绍。

园艺专卖店

由于是专卖店，所以观叶植物的种类和植株尺寸丰富。有很多店员拥有丰富的专业知识，能为顾客推荐植物，介绍培育方式。规模小的专卖店则会有侧重的植物种类。要注意店铺是否能提供大型植物的配送服务。

家居中心

可以在购买日常用品时多次考察。家居中心的优点在于不仅可以买到植物，还可以买到土壤和培育工具。可以经常到现场观察员工是否具备丰富的专业知识，店里销售的植物有没有被很好地照顾。

网店

在网店不仅可以选择观叶植物的大类，还能筛选出更加细分的品种。不过，虽然很多网店会上传产品的图片，但由于看不到实物，比较难以想象实际放在房间中的样子。在网店购买植物的关键之一在于选择可以与客服良好沟通的店铺。

室内装饰店

随着观叶植物作为室内装饰元素的需求越来越大，越来越多的室内装饰店和杂货店也开始售卖观叶植物。推荐在这样的店里寻找装饰性强、造型讲究的植物。不过有的店里的植物种类和数量较少。

Point 03

培育诀窍

让我们来了解培育观叶植物时需要注意的事项吧，这些事项同样可以作为选购时的标准。

> 植物在室内也能茁壮成长吗？

分辨向阳处

植物需要进行光合作用，阳光是不可或缺的因素，要确保植物能照射到充足阳光。

阳光打在叶子上非常美。摆放植物时，要考虑与窗口的距离，以及随着时间流逝，植物能够接收多少阳光。

对阳光的需求多种多样

大多数观叶植物来自热带地区，基本上都喜欢阳光，不过很多植物讨厌直射阳光。只要想想热带雨林中的环境就会明白了。就算同样是明亮的位置，也分始终能晒到太阳的地方以及明亮的背阴处。有些植物在阳光不够充足的地方也能茁壮成长。建议在实际购买前先观察一段时间，看看家里各个地方的光线情况。在没有窗户的洗手间，可以使用灯具补光。

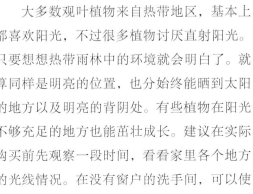

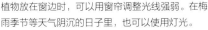

植物放在窗边时，可以用窗帘调整光线强弱。在梅雨季节等天气阴沉的日子里，也可以使用灯光。

选择适合植物的浇水方式

不同植物对水的需求量不同。另外，在不同季节也必须调整浇水量。基本上需要"等土壤表面干燥后浇足水"。

避免浇水过量，不同季节的浇水量不同

很少有观叶植物需要像很多养在室外的植物一样每天浇水。大多数观叶植物可以等土壤表面干燥后浇足水，浇到水从花盆底部流出为止。水从盆底流出，说明花盆中的根部能充分接触到水分。一定要倒掉托盘中的水。如果放任不管，会令花盆中氧气不足，导致烂根。另外，寒冷时期需要休眠的植物要注意控制浇水量。土壤表面干燥后再过 4~5 天，然后用和其他季节一样的方法浇水。喜干的植物一个月浇一次水就好。比起断水，浇水过量更容易引发问题。

浇水时要浇在根部。如果浇在叶子上则可能会损伤植株。

空气干燥时，可以用喷壶在叶子上喷水，补水效果显著。

尝试水培

因为要将水培植株放在避免水温上升的地点，所以建议选择耐阴性强的植物。

干净，浇水方式简单

水培是一种无土栽培的方式——用岩棉和蛭石等代替土壤，向其中倒入清水来培育植物。推荐想在室内培育观叶植物，又担心有土的地方会生虫的人使用此方法。

最初倒入的清水完全被植物吸收后，补充等量的水，保持适量的水分和氧气。如果使用玻璃容器，就能清晰地看到容器内的水量。容器底部一定要放入防止烂根的药剂，且新购买的植物要先洗净根部的泥土。水培介质每年更换一次。

绿色的容器和植物融为一体。

放在
通风好的位置

和阳光、水分一样，风同样是植物不可或缺的元素。正因为将植物养在室内，更要经常留意通风情况。要注意浇水和通风的时机。

通风不好会导致植株烂根或发生病虫害

由于植物被养在室内，所以通风好同样是一项必要条件。如果通风不好，浇水后土壤难以干燥，容易导致植株烂根。另外，植株在空气流动不好的地方容易发霉、生虫。就算空调和加湿器能调节温度和湿度，让人体感到舒适，但这样的环境并不适合植物。因为旅行等原因长期离家时同样要注意通风情况。另外，人们经常在给植物浇足水后立刻出门，这种情况非常危险。浇水后必须留出一段时间让植物换气。在没有窗户的位置，则可以使用空气循环器。

勤于观察
很重要

植物所处的环境千差万别，看起来相似的环境也会有些许不同。要仔细观察植物的状态，将环境调整到适合植物的状态。

适应环境的第一个月很重要

上文已经介绍了培育观叶植物所必备的环境条件，因房屋情况、地点不同，阳光、湿度和通风情况各有不同。另外，买到的植物的状态也各不相同，所以重要的是仔细观察植物的状态，然后根据状态应对。观叶植物需要一个月的时间来适应环境变化。请和植物一起度过第一个月吧。只要能度过第一个月，多数情况下植物就能长期保持稳定的生长状态。

植物状态不好时，可以开辟出专门的地点让植物休养。

换盆

购买观叶植物后，要把塑料花盆换成适合室内装饰风格的花盆。

· 用具

①移植铲　②购入的植物，照片中是绿萝"悦享"　③花盆
④盆底网　⑤培养土（推荐使用观叶植物专用土）　⑥盆底石

1

一定要准备底部有洞的花盆，在盆底放入盆底网。

2

放入盆底石，装到花盆深度 1/10 左右。

3

放入培养土，盖住盆底石。

4

从塑料花盆中拔出植物。注意不要碰散根部的土壤。

5

从塑料花盆中拔出时的样子。

6

将植物放入花盆中。

7

用移植铲在花盆和植物之间的缝隙里放入培养土。注意不要伤到根部。

8

用指尖或者铲子尖小心地填满缝隙。

9

培养土的高度略低于花盆边缘为好。

10

浇足水，浇到水从盆底流出为止。

Finished
完成

多肉植物

在任何季节，多肉植物都能展现出可爱而独特的形态，它们是新手也能轻松培育的植物。多肉植物可以轻松长大，新手也能享受各种搭配乐趣。

插枝石莲花。养在花瓶中观赏半年后，也可以用扦插的方式培育欣赏。

根据品种和生长期确定培育地点

近年来多肉植物颇受欢迎。很多人想在住处添置一抹绿意时会选择它们。多数多肉植物的叶子圆润厚实，能充分贮藏水分，所以人们会认为它们不怎么需要浇水，而且容易搭配各种装饰品，可以用于室内装饰。可是，在多肉植物生长迅速的生长期，它们也需要一定程度的水分。另外，因为大多数多肉植物喜欢向阳处，所以始终将其放在室内会导致植株枯萎、徒长，渐渐失去多肉植物特有的可爱。多肉植物品种众多，购买时要确认品种和特性，考虑要放在家中的什么地方、如何培育。按照生长迅速的生长期分类，可以分为"春秋型""夏型""冬型"三种类型，因此购买时也要确定类型。

可以尝试培育的人气多肉植物

因为全世界都在培育，所以不断有新品种诞生。同一品种也有多个别名，市场上的名称有时并不正确，购买时需要仔细确认。

银波木属
Cotyledon

本属植物肉乎乎的质感很有吸引力。另外，本属的一大特色是包含许多拥有可爱名字的品种。它们是为混栽增添可爱氛围的主力。

科　名	景天科
生长类型	春秋型
耐寒性	弱
耐热性	强
耐阴性	弱

特　征

许多品种的叶子厚实独特。本属植物多种多样，有的表面覆盖着茸毛，有的表面仿佛撒了一层白粉，有的叶子的形状奇特。许多品种的茎能伸长，下半部分会木质化。

培育要点

本属植物喜欢向阳处和通风好的地方，叶子厚实，耐旱性强，不过要注意避免闷根。梅雨季节到9月以及冬季要控制浇水量。不适合叶插，可以在初春枝插。

难易度

达摩福娘

它也叫丸叶福娘。胖胖的叶子上仿佛撒了一层白粉，边缘在秋季会变成红色。

难易度

乒乓福娘

和达摩福娘一样，有仿佛撒了一层白粉一样的圆润叶片，不过乒乓福娘叶子更加细长。从夏天到秋天茎部会伸长，开出橙色的花。

迦蓝菜属
Kalanchoe

本属植物是种类繁多的多肉植物，特点是耐热性强，在炎热的夏季也能茁壮成长，但耐寒性相对较弱。不过，只要冬天避免将其放在寒冷的地方，就连新手也能轻松培育。

科　名	景天科
生长类型	夏型
耐寒性	弱
耐热性	强
耐阴性	普通

（特　征）

本属植物的特点是叶子呈十字形展开。进行叶插时，边缘会长出可爱的新芽，看着新芽逐渐增多也是一种乐趣。叶子的形状和颜色丰富，很多种类还能开出美丽的花朵。

（培育要点）

本属植物耐热性强，不过酷暑时期要避免阳光直射。冬天温度低于5℃后植株生长情况变差，可能会枯萎。此时应该停止浇水，将其放在室内向阳处。

月兔耳

巧克力兔耳

福兔耳

不死鸟锦

月兔耳上覆盖着一层美丽的白毛，它和边缘颜色微微变深的福兔耳搭配的混栽很受欢迎。
不死鸟锦在光照不好时不容易出现红色，需要注意。

石莲花属
Echeveria

莲座状的叶子像玫瑰花一样，华丽的外形彰显多肉植物的女王风范。本属植物叶子的大小和颜色多种多样，在全世界受到很多人喜爱，杂交品种数不胜数。

科 名	景天科
生长类型	春秋型
耐寒性	弱
耐热性	强
耐阴性	弱

（特 征）

无论同品种群植还是混栽，都能形成一幅画。叶子引人注目，花也很美且颜色鲜艳。可以从花序梗根部将花剪下，插在无水的花瓶里。扦插和叶插都能成活。

（培育要点）

要在光照好、通风好的地方培育。夏季和冬季是休眠期，要减少浇水量。叶子重叠的地方容易积水，需要注意。花期结束后从根部剪下花序梗。

黑王子

特玉莲

花月夜杂交种

黑王子也叫古紫，深紫红色的叶子富有光泽。特玉莲卷曲的白绿色叶子很有个性。
花月夜杂交种的特点是"锋利"的叶子边缘呈红色。

景天属
Sedum

据说景天属在全世界有 600 多个品种，是多肉植物中最常见的。大多数品种耐热性和耐寒性都较强，可以在宽敞的地方培育。

科　名	景天科
生长类型	春秋型
耐寒性	强
耐热性	强
耐阴性	弱

特　征

有的品种像草一样铺开生长，有的品种叶子呈玫瑰花状，有的品种叶子丰满圆润，种类丰富多彩。本属植物很适合混栽，地栽也能够茁壮成长。

培育要点

它们喜光，但是盛夏时要避免阳光直射；耐寒性强，就算温度降到 0℃ 也能顺利过冬；耐旱性强，注意不要浇水过量，过于潮湿时会落叶。丛生品种要注意避免通风不好。

难易度

黄丽

叶子厚实泛黄，尖部带有橙色。秋天时，黄色更加鲜艳，叶尖变红。

难易度

小球玫瑰

深酒红色的叶子在秋天颜色更佳。它容易分株，用在混栽中效果很好。

难易度

拟景天"三色"

如它的名字所示，绿、粉、白三种颜色的叶子很美。秋天时，粉色会变得更加鲜艳。

难易度 🍃🍃🍃

姬星美人

有密集的圆形绿叶，呈螺旋状排列。丛生植株内部容易不透气，进入梅雨季节后要将其放在通风好的地方。

难易度 🍃🍃🍃

子持万年青

颗粒状的小巧叶子很可爱。掉落的叶子上会长出新芽。清爽的颜色在混栽植物中使其成为亮点。

(景天石莲属　景天属和石莲花属杂交的园艺品种)

难易度 🍃🍃🍃

蓝色天使

它兼具石莲花属的美丽和景天属的生命力。淡淡的颜色和锋利的叶形令人印象深刻。植株会向上生长，子株在下方增加。

难易度 🍃🍃🍃

日本景天（斑叶）

黄绿色中带有黄色和奶油色的斑纹，将它用在混栽中能增加可爱的感觉。它比深绿色的品种要纤细一些。

青锁龙属
Crassula

本属品种繁多，不仅形状、大小、颜色各异，习性也各不相同。购买时要确认生长类型和习性。很多品种的外形很独特。

科　名	景天科
生长类型	各品种不同
耐寒性	弱
耐热性	强
耐阴性	普通

（特　征）

本属品种繁多，有横向伸展的丛生型品种，也有向上生长的直立型品种。叶子呈十字形排列，很多品种的红叶很美。根据生长期不同，花期也有差别。

（培育要点）

品种的习性多种多样，基本上都需要养在通风的向阳处。除了夏型品种，在室外培育时最好将植株安排在淋不到雨的屋檐下等处。

难易度

醉斜阳是春秋型品种，叶子上覆盖着一层茸毛，秋天叶子会变红。

醉斜阳

难易度

舞乙女是春秋型品种，厚实的叶子像念珠一样连成一串向上生长。

舞乙女

千里光属
Senecio

千里光属也叫黄菀属。本属植物叶子大多为银灰色系，向下生长。也有小灌木型和生有块根的品种。人气品种"翡翠珠"就属于千里光属。

科　名	菊科
生长类型	各品种不同
耐寒性	普通
耐热性	强
耐阴性	普通

（特　征）

京童子又名西瓜草，茎伸展、下垂。叶子圆润饱满，在阳光下条纹清晰。茎伸长后会开花。

（培育要点）

京童子是夏型品种，喜光，但是要避免阳光直射，盛夏时需要遮光。它不适应潮湿环境，从春天到秋天要等到土壤完全干燥后浇水，冬季保持偏干状态。

难易度

京童子

猿恋苇属
Hatiora

猿恋苇属植物是仙人掌科植物，可以把它们当成是没有刺、分叉的棒状仙人掌。茎伸长后会垂下，并在末端开花。

科　名	仙人掌科
生长类型	夏型
耐寒性	弱
耐热性	强
耐阴性	普通

（特　征）

猿恋苇的茎分节，有弹性。可以单独种植，也可以混栽，欣赏它充满动感的姿态，挂起来也很有趣。

（培育要点）

本属植物喜光，但在盛夏要遮光或放在半背阴处。虽然属于仙人掌科，但它们却很喜欢水。在生长期的 4—9 月，要浇足水，在休眠期要控制浇水量。

念珠掌

厚叶莲属
Pachyphytum

属名"*Pachyphytum*"的意思是"厚实的植物"。正如其名，本属植物饱满的卵形叶子令人印象深刻。因为生长缓慢，所以植株不容易走形，很适合混栽。

科　名	景天科
生长类型	春秋型
耐寒性	弱
耐热性	强
耐阴性	弱

（特　征）

本属植物丰满厚实的叶子很可爱，大多数品种都叫"××美人"。随着下方的叶片脱落，植株会逐渐向上生长。桃美人在秋季会变成粉紫色。

（培育要点）

春天和秋天在室外、阳光下培育，酷暑时需要遮光。光照不足时叶子颜色暗淡，植株容易徒长。生长期要在土壤干燥三天后浇足水，夏季和秋季每两周浇一次水。

桃美人

购买诀窍

能买到多肉植物的店越来越多。请在用心打理植物，植物没有受伤或徒长情况的店铺购买。

第一盆多肉植物！

确定购买渠道

请平时在附近能买到多肉植物的店里多逛一逛，和店员聊聊天，选出几家候补店铺吧。

园艺专卖店

如果想从众多品种中挑选，推荐在园艺专卖店购买。可以选择那些出售多种多肉植物，精心培育植物的店铺，还可以向店员询问培育方法等。

家居中心

有些家居中心很早以前就开始出售园艺用品了。最近绿植人气高涨，很多家居中心增加了高品位的植物。请选择精心培育植物的店铺，如果有想要的品种，可以事先调查进货信息等。

网店

想买珍稀品种的时候可以有效利用网购平台。如果担心品质，可以选择值得信任的店铺。如果某网店有实体店，可以去店里亲眼看看，觉得值得信赖的话，下一次就可以在网上订购了。

室内装饰店

在室内装饰店中，容易想象出多肉植物在实际生活中生长的样子，而且可以在花盆的选择以及种植方面得到很多参考。推荐选择店员对培育植物比较了解的店铺。选择店铺的关键在于观察店里植物的培育情况。

Point

03

多肉植物也
要浇水？

根据不同时期的需求浇水

您所在地气候与多肉植物原生地气候的不同之处多半在于湿度。特别是南方的梅雨季节，容易出现高温潮湿的天气，要格外注意。

培育诀窍

大多数多肉植物的原产地气候干燥。在培育时，重要的是了解植物的习性，配合植物习性进行培育。

生长期充分浇水，休眠期减少浇水量

根据生长期分类，多肉植物大致分为三种类型，分别是"春秋型""夏型"和"冬型"。一般情况下，生长期需要定期浇足水，休眠期要减少浇水量，保持干燥。就算浇水的时机正确，如果将植株养在通风不好的地方，水分也不容易蒸发。请注意植株摆放的地点。从春天到秋天，建议将大多数多肉植物养在室外的屋檐下。

春天和夏天，推荐使用"腰水法"培育。每盆植物连同花盆一起放在装有清水的大盆中，浸泡 30 分钟后沥干即可。

需要浇水
的信号

- 叶子萎蔫，没有精神
- 土壤表面干裂

浇水时要浇在根部。如果从正上方浇水，叶子之间容易积聚水分，容易腐烂。

过于潮湿会导致烂根

比起忘记浇水导致植物枯萎，过于潮湿导致烂根的情况更多，请多注意。虽然各个品种不同，不过基本上从春天到夏天需要 7~10 天浇一次水，秋天 10~14 天浇一次，冬天每个月浇一次。秋冬季节建议在温暖的上午浇少量清水。将多肉植物种在马口铁容器或者空罐头盒中时，土壤透气性不好，要仔细观察植物的状态来调整浇水次数。

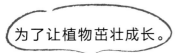

为了让植物茁壮成长。

多肉植物的种植方式

购入的多肉植物不能一直种在塑料花盆中，要尽早换盆。换盆前要减少浇水量，让植物保持干燥。

准备

准备必要的工具。使用能让植物长期保持良好状态的方法换盆。因为每一株植物尺寸较小，使用镊子或者勺子等工具进行精细操作比较方便。

①

准备花盆。右边是底部有孔的花盆，左边是底部无孔的花盆。

②

左：清水，用于浸泡生根剂。
右：较长的水苔，用来缠绕植株根部。泡水后轻轻拧干再使用。简易换盆时不需要使用。

种植用土。
左：多肉植物专用椰土。
右：多肉植物专用培养土。

③

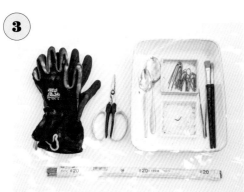 

上：左起为园艺手套、园艺剪、勺子、小盘子、镊子、毛刷笔。
下：铁丝。剪短后弯成U字形，做成用来压住植物的卡子（成品见托盘中上部）。

左：硅酸盐白土。一种土壤改良剂，能促进生根，对防止烂根也有一定效果。
中：盆底石。　右：缓效性肥料。　上：盆底网。

④

 →

从右到左分别是杀菌剂、生根剂以及将二者混合后保存的密封罐。简易换盆时不需要使用。

将杀菌剂和生根剂等量混合。混合后装入密封罐中保存，需要时可以立刻使用。

搭配土壤

使用多肉植物专用培养土比较方便。为了便利、清洁、容易控制水量，这里使用了椰土。

即将开始换盆的 30~40 分钟前，将椰土泡在水中。控干水后加入少量杀菌剂、生根剂、基肥（缓效性肥料）。使用多肉植物专用培养土时，也建议混入杀菌剂、生根剂。

将材料搅拌均匀。

将土壤填入花盆中

下面将分别介绍向底部有孔和底部无孔的花盆中填入土壤的方法。

无孔花盆

在底部填入少量硅酸盐白土。

在上面填入土壤。

有孔花盆

将盆底网剪成刚好能盖住孔洞的大小，盖在孔洞上。

在上面填入土壤。花盆较深时，放入盆底石后再填入土壤。

转移植株

终于要将多肉植物从塑料花盆移入新花盆了。多肉植物比观叶植物和普通的花苗更加纤弱，所以请小心对待。

从塑料花盆中轻轻拔出多肉植物（照片中是花月夜杂交种，见P.37）。

用细棒轻轻分开多肉植物的根部。为了不伤到根部，不能用金属棒，要使用木头等材质的。

掸落根部附近的土。因为土里可能藏着杂草的种子和害虫，所以必须清理干净。

较大的植株要在这一步进行分株（P.51）。

放在花盆中的土壤上。照片里的花盆之后还要用于混栽（P.47、P.48），换盆步骤到此即结束了。如果是在小花盆里种一株植物，要用勺子填入土壤，填到比花盆边缘略低为止。

混栽的方法

能在一个花盆中欣赏多种多肉植物的混栽。可以直接将植株种在土里，不过为了让植株更加长久地保持健康，下面介绍一个较为复杂的方法。

1

花月夜杂交种是这盆植物的核心，用水苔包住它的根部。

2

轻轻翻开水苔，将毛刷笔用水濡湿后在根部涂抹生根剂和杀菌剂的混合物。

3

将褐色的小球玫瑰放在②完成的植株旁边，在根部涂抹生根剂和杀菌剂的混合物。

4

将花月夜杂交种和小球玫瑰用水苔绑在一起。

5

在④完成部分旁搭配有美丽粉色边的拟景天"三色"，在根部涂抹生根剂和杀菌剂的混合物。

6

将三种植物的根部用水苔绑在一起，使之像花束一样。

7

将⑥完成的部分放在土壤上，用U形卡子固定。

8

重复①~⑦三遍，将完成的三部分也分别用U形卡子固定，摆放在花盆中，并注意平衡布局。

9

填入土壤，固定⑧中绑好的多肉植物的根部。

10

给达摩福娘和日本景天（斑叶）等涂抹生根剂和杀菌剂的混合物，用水苔包好后插空儿固定。

11

花盆边缘用土盖住，从旁边确认多肉植物是否美观。

12

在花盆一周摆放多肉植物，要注意平衡。

13

一边注意保持多肉植物的大小和颜色平衡，一边涂抹生根剂和杀菌剂的混合物，并用水苔包裹，一边固定。

14

填在空隙处的植物要反复确认位置后固定。

15

全部填满多肉植物。顶部插入外形华丽的蓝色天使。

16

用细棒头按压，让⑬的植株固定牢靠。

17

用U形卡子固定好最上方的蓝色天使。

18

观察整体，如果有缝隙，用镊子夹住小的景天科多肉植物插入。

所有操作完成后，从不同角度观察，包括上方和侧面，进行最后的调整。

完成

Finished

刚刚完成时不要浇水，隔3~7天，等土壤表面完全干燥后浇足水。

养护方法

随着时间的流逝，混栽的多肉植物会逐渐枯萎或者出现徒长现象。这时不需要将它们全部更换，可以更换一部分植物，增加"新面孔"。

1

先取出枯萎或受伤的植株。用小勺子挖出少量土壤，为栽种新植株做准备。

2

用细棒挖一个洞，方便栽种。

3

将新栽种的多肉植物根部涂抹生根剂和杀菌剂的混合物后，用水苔包裹，插进洞中。

4

如果有缝隙，用细棒头按压水苔。重复①～④，更换新植株。用P.50、P.51介绍的方法扦插繁殖的植株也可以用这种方法养护。

○ 养护前 ○

○ 养护后 ○

繁殖方法

简单轻松！

多肉植物生长速度快，用过度生长或断了的部分可以轻松繁殖植株。养护时要有效利用多余的茎叶。

枝插

将剪下的茎插入土中，就会生根长出新的植株。这种繁殖方法叫作枝插，用于扦插的茎叫作插穗。剪下的茎在插入土中前，要在背阴处干燥3~4天。

1 准备用于扦插的土壤。最好使用多肉植物专用土，也可以用其他草本植物用土。不用施肥。

2 用干净的剪刀剪下徒长的茎，去掉脏的部分后保持干燥。

3 茎部较长的要立起来干燥。扦插前用水沾湿茎。

4 在茎下方长3厘米左右的区域用毛刷笔涂抹生根剂和杀菌剂的混合物。

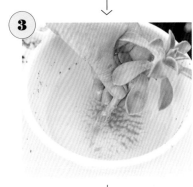

5 用细棒头挖洞。

6 将茎插入洞中。

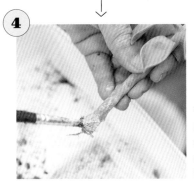

7 修剪出来的小植株也可以用同样的方法扦插。很小的植株不需要涂生根剂和杀菌剂。

8 扦插后不要浇水，隔3~4周生根后再浇水。最好在春季、秋季气候温和的时候进行扦插。

叶插

只用一片叶子就可以繁殖植株。叶插除了使用修剪时剪下的叶子，还可以用不小心碰掉的叶子。请带着轻松的心情来尝试吧。

1~2 个月就能长出可爱的新株

多肉植物的叶子中储藏着大量水分，只需要把叶子放在土壤上就能生根发芽，长出新的植株。剪下的叶子自不用说，还可以轻轻摘下健康植株基部的叶子进行繁殖。

将叶子正面朝上放在新土上，不用浇水。不同品种有所差异，基本上在 1~2 个月后就能长出和母株形状相同的新株，只是新株更加小巧。之后就可以将其种在其他花盆中了。因为能够一次培育多棵植株，所以叶插很适合作为准备混栽植株的方法。右侧下方照片中的就是生根的叶子。中间照片中的是长成的可爱新株。

分株

植株长大后可以分株，将子株种在不同的花盆中，将每一株分别养大。

细心地将根部分开，种在新的花盆中

多肉植物种下后如果放任不管，子株会逐渐增加，导致根部过于繁茂。这时可以进行分株，让每一株植株可以尽情生长。分别将每一株植株种在一个小花盆中或者将其用于混栽。

小心地将需要分株的植物从花盆中取出，将根部的土清理干净。如果根部缠在一起，就用细棒小心梳开。子株密集时，可以从外侧将其逐个分出来。这时，如果有受伤的部分就要去除。分开的植株要立刻种在花盆中。

石莲花属植物（上方照片）的植株棵棵分明，景天属植物（下方照片）的植株也会有容易分开的位置，要一边寻找一边分株。

来培育
空气凤梨吧

空气凤梨不需要土壤就能生长。野生环境下，它们会附着在岩石、树木或者仙人掌等植物上。您可以进行丰富多彩的搭配。

1 用细铁丝固定在花环上的空气凤梨。从上方开始，按顺时针方向分别是松萝凤梨、短茎空气凤梨、福果精灵、霸王、棉花糖。
2 洗脸池上摆放的霸王，有治愈心灵的效果。
3 用木头代替托盘，上面放着棉花糖。
4 放在空架子上的复古铁桶，里面装的是棉花糖。

并非只需要空气就能生长，
平时必须补充水分

  最近，在园艺专卖店等地方能看到很多空气凤梨。空气凤梨的魅力在于不需要种在土里，养在室内也能保持干净。由于不受花盆和土壤的限制，可以将空气凤梨放在托盘中，和小装饰品一起放在架子上，或者挂起来欣赏，也可以进行其他安排。虽然从名称来看它们好像只需要空气就能生长，其实它们并非不需要水。空气凤梨刚刚成为室内绿植时，很多人以为只需要用喷壶喷水就够了，结果没能顺利培育它们。如今，空气凤梨广为人知，适当的补水方法也已经普及，它们已经彻底融入了我们的生活。

不需要花瓶和花盆！
可以和小装饰品
完美组合。

虽然空气凤梨可以轻松培育，不过要想长时间欣赏，需要创造合适的环境。补充水分后要将其充分晾干，避免腐烂。

光照、通风、补水都很重要

因为不需要土壤和花盆，有人可能会想要把空气凤梨放在室内的任何地方，不过还是请尽可能选择通风好的向阳处吧。请想象野生环境下，空气凤梨附着在树木上的样子。阳光从枝叶间洒下，周围吹起温柔的风。这就是空气凤梨喜欢的环境。如果养在室外，要选择避免阳光直射的半背阴处；如果养在室内，要选择透过窗帘能照到阳光，能吹到自然风的位置，窗边最为合适。绝对不能将其放在空调直吹的地方。如果要放在盥洗室、卫生间等不接触阳光的地方，需要在白天开灯，每周要将其移到能晒到太阳的地方2~3小时。

春天到秋天需要每天补水，用喷壶喷到水向下滴落为止。然后将其上下晃动或者倒过来沥水。冬天根据情况约每周浇一次水。傍晚到清晨，空气凤梨会张开气孔，这段时间里补水效果最好。冬天天气寒冷，所以要在上午补水。

植物缺水或者人长期不在家时，要将其进行"浸泡"。使用能让水没过整株植物的托盘或者桶，浸泡5~6小时后充分晾干。

茎叶下垂的松萝凤梨。在野生环境中它会缠在树木上生长，可以将其挂在院子里的树上。

享受多肉植物的混栽乐趣吧

园艺师宅间美津子女士说："混栽的诀窍在于用植物摆出一幅画。"
请欣赏宅间女士的混栽作品，寻找灵感吧。

用美丽的橙色黄丽作为主角的混栽作品。靠前的两种颜色的景天属多肉植物（黄金万年草、苍白景天）较矮，后面与黄丽一样叶片厚实的紫章、白美人较高，营造出立体感。

混栽作品中一定要有重点。这盆作品充分利用了黄色的菊花（*Cotula barbata*）（又叫花萤火虫），还利用铁筷子（圣诞玫瑰）和多肉植物的颜色做出绿色渐变效果。

花盆中的
一片小花田。

有可爱粉边的法师是这盆混栽作品的中心。长长的花盆就像一片花田。为了不显得松散，点缀了带红色的雪玉（Snow Jade）。

形状独特的仙人掌白毛掌作为主角。为了不让它太突兀，左上方种了深色的四棱青锁龙，如同一片森林；右下方则种了形状独特、颜色淡雅的植物。

主角是中间的大石莲花。前方翡翠珠的茎叶下垂，可以站在高处观赏。

配合花盆搭配多肉植物。

黑龙沿阶草的叶子像喷泉一样。

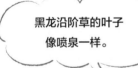

"倒三角形"的吊挂花盆中，多肉植物排列成对称的三角形。两边是褐色的本州景天，让整体显得更加紧凑。

充分利用平坦的花盆创作的混栽作品。主角是黑龙沿阶草。在五彩缤纷的多肉植物花田上方，黑色的细长叶子在风中摇曳，令人印象深刻。这个作品同样突显了蓝灰色白霜景天的美。

用空气凤梨做出美丽的装饰品

摆放、吊挂……配合心仪的装饰品，思考如何装饰房间，这也是种植空气凤梨的乐趣之一。
请欣赏园艺师宅间女士的房间。

和复古小装饰品搭配做成的小花园。圆滚滚的空气凤梨小精灵很可爱。每两天用喷壶喷一次水。

一点点绿色就能营造出治愈心灵的空间。

和复古灯罩很搭。

从右向左分别是棉花糖、小精灵、短茎空气凤梨。将之放在楼梯扶手下，只需要从早晨到睡前开着荧光灯，它们就能茁壮成长。

只用空气凤梨做成的花环也很漂亮（P.52）。已经将植物固定好，只需要用喷壶直接补充水分。

从天花板垂下的观叶植物眼树莲"翡翠"。虽然没有窗户，不过只需要从早上到睡觉前开着荧光灯，它们就能茁壮成长。洗脸池上放的是空气凤梨霸王（上）和小精灵（下）。

像白砂糖做的点心。

空气凤梨小精灵（里）和鸡毛掸子（外）被放在放蛋糕的玻璃罩中。配合多肉形状的陶器，营造出了清凉的空间。

银色叶子在洒进窗内的阳光中闪闪发光。

装肥皂的玻璃罐里放入了空气凤梨小精灵（右）和美杜莎（左）。

容器是手工制作的，在里面摆放着空气凤梨鸡毛掸子，就像盆景一样。

可在厨房轻松地培育。

培育香草，
让生活更加丰富

只需要一盆香草，就能用绿意和芬芳营造出治愈心灵的环境。

香草还可做成香草茶、香草酱，可谓生活乐趣满满。

让我们来轻松培育，充分利用香草吧。

茁壮成长的香草可以放心地尽情使用。

新手要根据目的选择香草

当希望在生活中加入植物时，不少人会将香草作为选项吧？香草既可以在超市里购买，还可以养在家里随用随取。可以将香草放在厨房中容易拿到的地方，丰富烹饪趣味；也可以放在窗边，使其成为室内装饰的一部分。将香草插在玻璃花瓶中，映射光怪陆离的窗外美景。将香草放在几个小花盆中摆在一起也很漂亮。或者，将摘下来的香草放在篮子里，室内就会弥漫出一股芬芳。

香草有多种用法，选择要培育的香草时，先要明确目的——用来烹饪，作为一株绿植来欣赏其叶子的颜色和形状，尽情享用香草茶，欣赏美丽的花朵，等等。有经验之后，就可以像 P.66、P.67 内容那样充分利用香草，这也是香草的特色。

推荐香草

虽然大多香草品种生命力强，不过还是选择在室内也容易培育的吧。

即使光照略有不足也能生长，适合在室内培育的品种

　　如果要在厨房等室内环境中培育香草，推荐选择光照略有不足也能生长的品种。即使如此，也要将其经常移到光照好的通风处。唇形科中有很多多年生草本植物，它们生命力强，容易培育，而且收获期长，因此可以一边收获一边培育。当然香草中也会有生命力旺盛，却无法在室内培育的品种，选择时要注意培育方式类型。

　　第一次培育时，可以直接购买花苗，要选择茎结实、叶子多、节间短、没有枯叶和病虫害的植株。购买前货比三家，就能找到打理植物更加用心的店铺。有经验后，可以从种子开始培育。留下一部分花穗，待其成熟，自己采种的过程也是一种乐趣。

嫩芽可以食用的品种能够用于烹饪，边摘边观察植物再生的过程很有趣。右边的小苗很好地融入了绿色系的室内装饰中。

百里香
Thymus

百里香是人们熟悉的香草，能为肉菜和汤品增加香味。加热后香味不变，是制作香料束时不可或缺的香草。有一定抗菌力，因此还能用于保存食物。

科·属名	唇形科　百里香属
原产地	欧洲南部
耐寒性	较强
耐热性	较强
耐阴性	较弱

百里香种类繁多，有直立型和匍匐型之分。普通百里香是较矮的直立型品种，在厨房中容易培育。百里香不适应高温潮湿的环境，所以盆栽要放在通风好的地方并保持略干。只要光照和排水情况好，植株就能茁壮成长。可以一边培育一边收获。拌肉馅时只使用叶子，煮菜时用整枝。剪一枝洗净擦干，轻轻揉搓后放在饭盒里，可以起到抗菌作用。百里香香草茶有助于消除疲劳，但孕妇禁用。

普通百里香

薄荷
Mentha

薄荷是常见的香草之一，除了用作清凉甜点和沙拉的装饰之外，还能广泛用于烹饪、花草茶和沐浴露中。容易培育，适合香草栽培的新手。

科·属名	唇形科　薄荷属
原产地	北半球温带地区、非洲
耐寒性	强
耐热性	强
耐阴性	普通

留兰香

辣薄荷

放大

特　征

薄荷容易杂交，品种繁多，开白色或浅紫色的花，代表品种有留兰香、辣薄荷。不同品种略有差异，不过它们的共同点是叶子对生。除了烹饪和装饰甜品，薄荷还可以用来为肉菜和鱼去腥。薄荷香草茶很常见。除了单纯的薄荷茶，薄荷还会在制作其他味道重的香草茶时起到调和的作用。名字中带有水果名的薄荷，味道也带有果味。薄荷茶不仅可以用于感冒初期或者餐后促进消化，还可以用于晒后解热或者在室外防蚊虫。

培育要点

薄荷喜欢向阳处，不过，在有半天日照的地方也能生长。它们不喜干，要在土壤表面干燥后浇足水。特别是夏天，要注意避免缺水。薄荷的繁殖能力很强，用在混栽中时会发生只有薄荷疯长的情况，所以最好是单独种植。基本上可以一边收获一边培育，叶子过于繁茂时会导致通风不佳，要适当修剪。在基部保留 10 厘米左右，植株可以继续生长。夏天到秋天开花，开花后味道会变差，叶子和茎变硬，所以要在开花前收获。可以将剪下的花朵插在花瓶中欣赏。冬天，地上部分会枯萎，所以要回剪至土面。

黑辣薄荷　　白辣薄荷

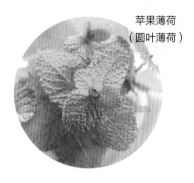

苹果薄荷
（圆叶薄荷）

菠萝薄荷
（花叶圆叶薄荷）

草莓薄荷
（留兰香园艺品种）

牛至
Origanum vulgare

牛至的别名为奥勒冈，具有扑鼻的野性香气。经常用在比萨与有西红柿、鱼或肉的菜中。比起新鲜香草，牛至晾干后香味更浓。

科·属名	唇形科　牛至属
原产地	地中海沿岸
耐寒性	强
耐热性	强
耐阴性	普通

除原产地地中海沿岸的菜品，牛至还经常被用在墨西哥菜中。可以连茎剪下放入菜中，也可以用油或者醋腌制。据说牛至香草茶有促进消化和止痛的效果。在光照和通风好的地方培育，盛夏将其移到避免阳光直射的地方。会向四周伸长，枝叶繁茂，要避免不通风。6月以后，临开花时香味最浓，可以收获。用不完的部分趁香味还浓烈时晾干，方便使用。根茎会不断生长，种在花盆中时需要每年换盆。

放大

鼠尾草
Salvia

叶子表面有茸毛，有触摸天鹅绒的触感。香味与艾草相似，花朵美丽，一盆鼠尾草就能让周围变得鲜艳明丽。过去鼠尾草被称为"长寿草"。

科·属名	唇形科　鼠尾草属
原产地	地中海沿岸
耐寒性	普通
耐热性	强
耐阴性	普通

撒尔维亚

鼠尾草经常被用来制作香肠，可以为肉菜去腥，让油腻的菜品变得爽口。用切碎的鼠尾草和黄油做成的"鼠尾草黄油"用途广泛。属名"*Salvia*"来源于拉丁语"救赎""治愈"。要在光照、通风好的地方培育。植株较高，种植时要选择较大的花盆。土壤表面干燥后浇足水。鼠尾草不喜欢潮湿的环境，梅雨季节要减少浇水量。叶子随时都能收获，避免叶片过于茂盛。

凹脉鼠尾草（观赏用）　黄斑药鼠尾草

鼠尾草会在种下后第二年开始开花。带黄色斑纹的品种能为花园增添一抹色彩。

薰衣草
Lavandula

薰衣草多开紫色花，清爽的香气为人们所熟知，是香草中的女王。薰衣草有安神、使人放松的效果，可以为点心增加香味，还是手工艺品的重要原材料。

科·属名	唇形科　薰衣草属
原产地	地中海沿岸
耐寒性	各品种不同
耐热性	弱
耐阴性	各品种不同

从古罗马时期开始薰衣草就被用作香料。但在英国，从17世纪开始，很多家庭因其有除虫和安神等效果而使用它。薰衣草品种繁多，分为多个系统，香味稍有不同，不过效果大体一致。只是不同品种的耐寒性和耐热性不同。薰衣草（英国薰衣草）耐寒，不过依然不能在日本关东以南地区的室外培育。齿叶薰衣草耐寒性弱，耐热性强。杂交系薰衣草和薰衣草（英国薰衣草）相似，耐寒性和耐热性都较强。种植的关键在于根据居住地点气候情况选择合适的品种。

享受薰衣草的香味吧

薰衣草会在日本的梅雨季节开花。要在短时间里让薰衣草充分干燥。

刚开花时香味最浓。从茎根部剪下花，去掉叶子后将五六枝绑在一起。

挂在通风好的地方干燥。可以做成薰衣草棒或者薰衣草香包。

日本枥木县益子町福浦农场的薰衣草田

迷迭香
Rosmarinus

迷迭香香味清爽，有杀菌、抗氧化的效果，还能去除肉和鱼的腥味。迷迭香属于常绿灌木，要注意选择培育地点。

科·属名	唇形科　迷迭香属
原产地	地中海沿岸
耐寒性	强
耐热性	强
耐阴性	较强

迷迭香有直立型、匍匐型和介于两者之间的品种，如果养在室内，建议选择直立型。春天、初夏、秋天会开出可爱的蓝色、白色、粉色小花，散发出芳香。在光照好、通风好的地方培育，保持干燥，土壤干燥后浇水。叶子随时可以收获。只要留下一部分下部的茎叶，新茎叶就能重新长出。植株长大后需要换盆或者分株。将新鲜的（洗净后擦干）或者干燥后的迷迭香切碎，100毫升纯净水煮沸后关火，加入迷迭香后闷10分钟。将液体过滤、冷却，加入5毫升甘油能制成"迷迭香水"。

罗勒
Ocimum

罗勒生命力旺盛，容易培育，最适合香草栽培新手。只有在自己家培育，才能享用刚刚摘下的新鲜罗勒的香味。用种子也能轻松培育。罗勒在做意大利青酱面时能派上大用场。

科·属名	唇形科　罗勒属
原产地	印度、亚洲热带地区
耐寒性	弱
耐热性	强
耐阴性	较弱

罗勒原本是多年生草本植物，但在日本难以过冬，所以被当成一年生草本植物培育。在香草中罗勒属于喜欢高温的，要等天气转暖后播种或栽种。养在光照好的地方时香味会变浓，适合用于煮菜、泡香草茶；在室内培育的罗勒叶子柔软，适合生吃。叶子变得茂盛后可以收获。将叶子从大到小按照顺序从根部摘下。6—7月开花，开花后叶子会变硬，所以要趁刚长出花苞时摘下花穗。如果植株长得过大，可以将其回剪至一半高度，同时获得一次"大丰收"。如果想在秋天采种，可以留下几枝花穗。

柠檬马鞭草
Aloysia triphylla

香味和柠檬相似，较为浓郁。叶子可以用来泡香草茶，还可以给鸡肉、鱼肉、蔬菜、甜点增加香味。柠檬马鞭草不耐寒，所以推荐种在花盆里。

科·属名	马鞭草科　橙香木属
原产地	南美洲
耐寒性	弱
耐热性	强
耐阴性	较弱

放大

柠檬颜色的叶子很香，且能给周围带来一抹亮色。它在冬天会落叶，春天长出新芽。枝条容易长得过长，所以要在植株还小时摘心（摘掉顶芽）。如果侧芽较多，收获量也会增加。它喜干，所以要注意控制浇水量。生长期间随时可以收获叶子，6—8月开花时香味最浓。在花期收获，用不完的部分可以干燥保存。干燥后也不会失去香味。叶子有促进消化和安神的效果，但不适合长期大量食用，要注意。

香蜂花
Melissa officinalis

香蜂花的特点是有和紫苏相似的鲜艳黄绿色叶子。它有清爽的柠檬香味，可以给菜品和甜点增加香味，也能用来制作香草茶、沐浴露和香包等。

科·属名	唇形科　蜜蜂花属
原产地	欧洲南部、澳大利亚
耐寒性	强
耐热性	普通
耐阴性	普通

香蜂花繁殖力强，地栽时会迅速铺开，需要适当的管理。耐寒性、耐热性都还可以，但直射阳光会灼伤叶片。初夏会开出可爱的花朵，如果放任不管，则难以长出新芽，可以从根部剪下花茎，将其插在花瓶中欣赏。需要采种的话，可以留下几枝花茎。夏天收获时如果修剪到一半高度，就可以长出新芽再次收获。干燥后香味会发生变化。因为可以长期收获，所以比起干燥保存，不如尽可能使用新鲜叶片。叶子有放松、安神、抗菌的效果。

意大利欧芹

Petroselinum crispum var. neapolitanum

和欧芹不同，意大利欧芹的叶子是平整的。它的香味浓郁，不过并不刺鼻，它最适合为食物增加香味和色彩。它在室内也能轻松培育，是适合新手的香草。

科·属名	伞形科　欧芹属
原产地	地中海沿岸
耐寒性	强
耐热性	强
耐阴性	强

伞形科香草不喜移植，所以购买时要选择较小的植株。栽种时尽可能不要破坏根球土。因为植株不耐干燥，所以要在土壤表面干透前浇足水。叶子增多后，从外侧开始摘取。通风不好会导致植株腐烂，所以要在枝叶过于茂盛前收获，以保持通风良好。在室外培育时，梅雨季节要将植株移到屋檐下。开花后叶子会变硬，要趁开花前摘下花蕾。加热不易变味，因此可以将其用在炖菜和汤里。泡香草茶时要使用干燥后的叶子。它有促进消化的效果。

会开花的香草

香草不仅叶子能用，有些品种的花、果实和种子同样能使用。您可以尝试一点一点地培育。

洋甘菊
洋甘菊的魅力在于白色的花朵以及和苹果一样甜甜的香味。母菊可以用来泡香草茶。果香菊和黄春菊能用于园艺或染色。可以通过播种来繁殖。

旱金莲
它的日语名直译为"金莲花"。它能开出漂亮的红色或黄色的花朵。花、叶、果实全都能使用，整株植物都带有辛辣味。生命力强，容易培育。枝叶向下生长，可以吊挂。

茴香
叶子像羽毛一样柔软，开黄花，香味像酸橙，多用于给鱼去腥。开花后结出的种子有甜香和微苦的味道，可以用作香料。叶子和种子都能泡茶。

玻璃苣
植株整体覆盖着一层白毛，开美丽的星形蓝色花。叶子切碎后可以做沙拉和汤。花可以食用，去掉花萼后可以使之浮在饮料上作为装饰。

充分利用！
享用香草的方法

著者向日本栃木县益子町经营香草园福浦农场的福浦先生请教了充分利用香草的方法。

一边培育一边使用，不要浪费

如果习惯了培育香草的生活，就能一边同时培育多种香草一边使用它们，连生活方式都会变得丰富。香草繁殖力强，生长速度快，所以为了防止过于茂盛导致通风不好，必须不断地摘下枝叶。刚刚摘下的枝叶可以用来做菜或者泡一杯新鲜的香草茶。如果来不及用完，则可以干燥保存。新鲜的叶子在泡过香草茶后，直接倒掉就太可惜了！其实香草可以反复派上用场。除了下文中介绍的方法，还可以将香草用油腌制或者做成化妆水等。

① 先泡一杯香草茶
混合多种香草

如果自己培育，就可以享用刚摘下的新鲜香草泡出的香草茶了。

新鲜的香草茶只用一种香草冲泡就很美味，不过，如果混合多种香草，味道的层次会更加丰富。如果家里种着多种香草，可以根据自己的口味尝试多种组合。在壶里放入香草，倒入热水后泡 5~6 分钟，然后趁热饮用吧。刚摘下的香草可以泡三次。

② 晒干叶子，做成香包

做成香包放在枕边

喝完的香草茶中的香草可以晒干再利用。

挂在空调附近

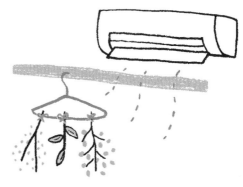

喝完香草茶后，不要扔掉香草，还可以继续利用。将它们充分晾干后做成香包吧。将连茎一起用过的香草挂在通风的地方。如果只有叶子，则可以将其摊开放在笊篱上等自然干燥。将彻底干透的香草放在心仪的容器里作为装饰或用布包起来做成香包。可以混合少量新香草来提神。

福浦先生推荐的干燥方法是将香草挂在空调附近。将用绳子绑好的香草束绑在衣架上，挂在能适当吹到空调风的位置。微风能让香草迅速干燥。

③ 还不要扔

泡一个香草浴吧

香包的"使命"结束后，用来泡香草浴吧。

将用完的香包装在布袋里，放入浴缸中。推荐使用洋甘菊、薰衣草、百里香、鼠尾草、迷迭香、薄荷、香蜂花等。这时也可以加入少量新鲜香草，增强香味和效果。使用大量新鲜香草可能会让浴缸染上颜色，不过用过的香草香包则可以放心使用。

④ 用作香草的肥料

干燥后混入土壤中

终于到了最后一步，香草被充分利用了。

泡澡用过的香草不再有香味和功效，再次将其晾干。展开放在报纸上彻底晾干后与土壤充分混合，可以当作堆肥使用。混在用来培育香草的土壤中，能形成香草的完美循环。这样充分利用的方法，恐怕香草也是"心甘情愿"的吧。

用球根植物为室内增光添彩

球根植物能在短期内发芽开花，十分有趣。在室内也能轻松培育球根植物，并可以欣赏植株的变化。大多数球根植物能开出鲜艳的花朵，为室内增光添彩。

土培时，表面铺上一层苔藓类覆盖物，绿色会更加醒目。

不经历寒冷就无法开出美丽的花

说到球根植物，或许很多人只尝试过水培风信子吧。如今，风信子也有了很多别有风味的品种，插在透明玻璃瓶中，从球根到花朵就像一幅美丽的艺术作品，它们的人气正在急剧上升。

球根植物的"球根"本来就含有生根、发芽、开花所需的养分，所以不难培育。只有两点需要注意。一是秋天种下的球根一定要经历寒冷天气。在天气温暖时购入的球根要放在凉爽的地方培育，在出芽前严禁放在温暖的室内。二是要避免球根发霉，无论在种下之前还是种下之后都要注意。这样植株才能开出五颜六色的美丽花朵，在室内也能欣赏。

欣赏球根植物的花朵

夏天上市的秋水仙和番红花（藏红花）放在那里就能开花。既不需要控制温度，也不需要水和土壤。请放在心仪的位置观赏吧。

出芽后尽可能放在光照好的位置

球根中积蓄了足量养分，不需要土壤和水就能让植物开花，强大的生命力令人感慨。只要球根不受伤，就可以放任不管。它们简直就像装饰品一样，可以放在任何心仪的位置。不过出芽后要尽可能将植株放在光照好的地方，这样才能让花色更加美丽。如果放在光照不好的地方，花色会发白。

开花的番红花。雌蕊干燥后可用于烹饪。

//// 秋水仙 //

原产于地中海沿岸的秋水仙别名为"草地番红花"。虽然名字中有番红花，却与番红花并非同一品种。可以将其放在室内心仪的位置，开花后种在土里会长出叶子。初夏时植株枯萎，进入休眠状态。长出叶子后施液体肥料，球根会变得肥大，到了秋天再次开花。植株休眠时要把花盆放在通风好的地方。第二年也能欣赏到美丽的花朵。

放任不管即可!

1 将秋水仙的球根摆在托盘中。不需要在意朝向。

↓

2 一个月后开始发芽。

↓

花 谢 后

1 花谢后的球根。开花用完了能量,与开花前相比,球根萎缩了。

↓

2 将花葶从根部剪下。

↓

3 在花盆中放入培养土,种好球根,将其埋到看不见为止。

↓

4 2~3个月后长出新芽。初夏植株会枯萎,到秋天再次开花。

番红花

1

准备番红花的球根。

番红花原本是作为药物、染料和香料植物被种植的。和秋水仙一样，花谢后长出叶子，初夏时地上部分枯萎，进入休眠状态。番红花每朵花上只能采摘三根雌蕊，被称为世界上最昂贵的香料。

2

大约2个月后开花。用于烹饪的红色雌蕊要在开花后立刻采摘，充分干燥。

3

花谢后开始长叶子，可以将球根种在花盆中。

4

在花盆中填入培养土，然后放好球根，并用培养土盖住球根。定期施液体肥料，让球根膨胀，为第二年开花做准备。

尝试水培

秋天上市的水仙、蓝壶花、番红花、风信子可以用水培的方式欣赏。在室内先一步享受春意。

发芽后移到室内欣赏

　　水培球根植物不使用土壤，所以清洁，外观美丽，可以看到植物整体的生长状况。同时选择容器也是一种乐趣。适合水培的球根植物从9月开始上市，要在温度较低的11月左右种下。如果买得早，栽种前可以将球根从塑料袋中取出放在网袋里，用报纸等包好，保存在阳光照不到的凉爽昏暗处或者冰箱的蔬菜区。开始水培后，至少等两个月再将之转移到屋檐下或玄关等有暖气的凉爽地点。发芽后将其移到室内观赏、培育。

后排从左到右分别是风信子、风信子、水仙。前排从左到右分别是番红花、番红花、蓝壶花。可以用水培植物和土培植物的组合作为装饰。

搭配不同时间开花的植株，能长时间欣赏花朵。

🧅 准备容器

任何容器都可以，不过要想体会到水培的乐趣，最好使用透明容器。容器的口儿应该能撑住球根。可以使用水培专用容器，它们有能撑住球根的凹槽，也可以选择平时使用的餐具。

🧅 球根的保存

购买后，将球根从塑料袋中取出，栽种前放在通风良好的阴凉处。如果没有合适的栽种地点，可以用报纸包好，保存在冰箱的蔬菜区。

🧅 需要提前了解的材料

除了使用清水培育，还可以用清水和小石子进行栽培。比起使用普通土壤，使用小石子更容易抑制细菌繁殖，排水性更好。上图中右侧的是大粒陶粒，可以用于水培。上图中左侧的是鹿沼土。此外，还可以使用作为盆底石的浮岩等。上图中间的是防腐剂，可以吸附会造成腐烂的物质，市场上销售的多为硅酸盐白土和沸石。

🧅 不会失败的诀窍

水培时，生根前的水位线应该在刚好能接触到球根最低处的位置。转动球根就能找到球根的最低处。如果水量过多，浸入水中的部分容易腐烂发霉。水位刚刚好，则有助于根部为吸收水分而生长。

面 对 这 种 情 况

如果使用的容器的口部直径比球根直径大，可以在球根四面插入牙签，使之架在容器口。不需要特意选择插牙签的位置，牙签能支撑球根即可。另外，还可以剪断树枝，做一个比容器口略小的三角形支撑球根。

风信子

风信子是水培球根植物的代表性品种。花朵和叶子的颜色、形状丰富多彩，购买时要仔细确认相关信息。

1 准备球根。进入 11 月之后开始栽培，此前将球根保存在避光阴凉处。

2 倒水，使水面刚好接触到球根底部，放好球根。2~3 天换一次水。

3 生根后，让水位降低 2~3 厘米，保证根部能接触到空气。

番红花

番红花是宣告春天到来的花，开白色、黄色、蓝色、紫色的花。种在花盆中时，要避免断水。

1 在容器中放入大粒陶粒，摆好番红花的球根。

→

2 填入大粒陶粒，埋住球根。

→

3 1.5~2 个月后发芽。

番红花小巧华丽，在球根植物中属于可爱的品种。

"新芽是这样长出来的啊！""花蕾是这种形状吗？"在室内培育时，能够观察植株细微的变化，会有很多新发现。

蓝壶花

蓝壶花开粒状花朵，又被称为葡萄风信子。除了开白花、黄花、蓝花、紫花和粉花的品种，还有花色渐变的品种。

花葶细长，可以装饰在高处。

并排栽种能展现出丛生的感觉。

水仙

水仙大多会被种在庭院中，但它们可以水培。细长的叶片在室内显得格外生动。

照片中是用陶粒栽培的植株。在室内比较宽敞的空间中，让植株尽情生长吧。

小花盆里种小花

每个花盆中种一株植物，打造一处聚集各色花朵的空间，同样是一件乐事。小球根种在小花盆中，大球根则要种在大花盆。

① 克里特郁金香"希尔德（ Hilde ）"

② 郁金香（ Tulipa polychroma ）

③ 春星韭"白星（ White Star ）"

④ 夏雪滴花

⑤ 天蓝蓝壶花

⑥ ⑦ ⑨ 风信子

⑧ 亚美尼亚葡萄风信子

⑩ 纸白水仙

⑪ 水仙（未开花）

第 2 章

扮美小花园和阳台

踏出家门一步，沐浴在阳光下与植物共处的时间也是生活中的重要时刻。

请 BROCANTE 的松田女士为您讲述与植物共同生活的方法。让绿植给生活增添一些乐趣吧。

可装饰、可食用

蔬菜花园

Potager Garden

拥有一处小空间，就能收获蔬菜，欣赏花朵。

可以逐渐替换植物，长时间享受植物带来的乐趣。

赤地家的法式菜园。代替花
盆的是复古风格的婴儿浴盆。

复古的婴儿浴盆变成了一个可爱的蔬菜花园。莴苣、生菜、菊苣、北葱、西蓝花等蔬菜中还种着罗勒、欧芹等香草。玻璃苣（P.65）既是香草，又能开出美丽的蓝色花，为花园增加了一抹色彩。外侧种着枝条会垂下的植物，可以和周围花盆里的绿植相连。一点点收获，叶子会持续增加，每天都能享受到收获的乐趣。留下少量花朵，还能通过撒种让植物繁殖。

既能食用又能欣赏，还有很多其他优点

　　从中世纪开始，法国就出现了蔬菜、香草和鲜花混种的蔬菜花园"potager"，同时满足人们食用和观赏的需要。日本人习惯于将蔬菜和鲜花分开种植。不过在有限的空间里，更应该引入法国这种优秀的文化。

　　其实，这种方法还有很多其他优点。通过多种植物混种，能有效抑制病虫害，还能避免连作障碍，避免土壤的营养成分失衡。蔬菜的绿色和观赏植物的花色搭配，比单独种植一种植物更能突出植物的魅力。春天栽种时，可以加入夏季收获时间长的果菜类植物，并在其下方搭配花期长的开花植物。秋天栽种时，推荐选择开花植物搭配叶菜。这样天气转冷后不容易生虫，而且收获期长。

木板围起来的蔬菜花园（P.83~85）

收获后还会长出新苗！

阳台上的柳条种植箱质朴温和

让我们在阳台上而非庭院中欣赏蔬菜花园吧。

推荐使用质朴温和的柳条种植箱。

当然，除了普通的种植箱，还可以使用木质红酒箱等。

大丽花

万寿菊

草莓

三色堇

茴香

生菜

种植箱

肥料

土壤

如果担心土壤漏出来，可以在内侧加上无纺布

使用普通种植箱时，要准备种植箱和盆底石。因为图中使用的是缝隙较大的柳条种植箱，所以为了防止土壤漏出来，内侧铺了一层无纺布（此处使用的是一个无纺布袋）。

如果想轻松培育，可以使用培养土

可以用普通培养土培育。自己配土时，推荐使用赤玉土和腐叶土，以 7:3 的比例混合，并且加入堆肥。

为了丰收，需要施肥

栽种时使用缓效性肥料（基肥）。蔬菜培养土中大多已经加入了肥料，使用时需要确认培养土中是否已有肥料。

1

在种植箱内铺无纺布，填入种植箱高度 20%
左右的土壤，撒缓效性肥料作为基肥。因为无
纺布排水性好，所以不需要盆底石。

2

继续填土，填到种植箱高度的 70% 左右。

→

3

摆好带塑料盆的苗，观察整体平衡，确定位置。

4

将苗从塑料盆中取出，放在土壤上，填入剩余的土壤。苗之间
留出空隙。虽然一开始看起来稀稀拉拉的，不过苗会很快长大，
盖住土壤。

↓

5

万寿菊花朵美丽，被称为"伴侣植物"，和蔬菜一起种植时能
起到驱虫效果。花期结束后可以将其更换成大丽花。4 个月后，
生菜和草莓就长大了。

打理和收获
都很方便。

用木板围起来，再填入土壤

家里有花园时，可以自制蔬菜花园小花坛。比起在地里种植，小花坛既方便打理又方便收获。

与阳台上的种植箱相比，小花坛能种下更多植物。由于上方空间大，可以立柱来种植豆角等藤本植物。可以一边培育一边收获需要的蔬菜。因为范围已经确定，所以植物不会长得过大。几乎不需要除杂草。虽然都是叶菜，不过只要选择叶色不同、花色美丽的品种，就能打造出赏心悦目的蔬菜花园。

羽衣甘蓝　三色堇　撒尔维亚　芜菁　豌豆　莴苣

龙面花　阔叶百里香"福克斯利（Foxley）"　生菜　芝麻菜

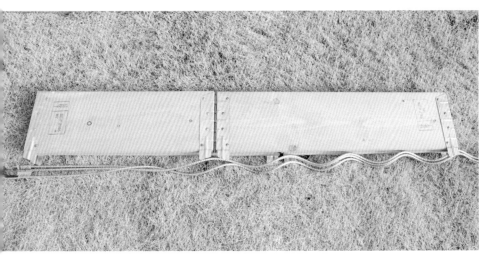

小花坛材料：架高苗床（Raised Bed）、支柱。

如果植株过于繁茂，
收获时可以间隔拔掉一些

如果种植空间宽敞，推荐搭配能向上生长的藤本植物。加入鼠尾草和百里香等多年生植物后，小花坛在叶菜枯萎后依然能用。如果植株过于繁茂，可以间隔拔掉一些植株。

1

在花园的地面上建苗床。除购买现成的框架之外，还可以用螺钉固定四块板子。如果是在草坪上，要事先给苗床内部除草。种植根菜类植物时，要翻 30~40 厘米深的土，去掉石子。

2

在苗床中撒缓效性肥料，然后填土。除了使用培养土，还可以使用以 7:3 的比例混合的赤玉土和腐叶土（需加入堆肥）。注意避免肥料直接接触植物的根部。

5

全部种下后，在后面竖起支柱供藤本植物攀爬。建议将支柱搭成锥形，避免被风吹倒。立体的蔬菜花园就完成了。

3

植株连同塑料花盆一起暂时放在土上。收获频率高的叶菜放在前面，开花植物和藤本植物摆在后面。

4

从塑料花盆中取出植株，种下后填土。刚种下时显得稀稀拉拉的，不过植株很快就会长大，变得茂盛。

用常绿植物打造
绿意盎然的容器花园世界

Yose hachi

常绿植物在任何季节都能欣赏，也能用它们打造出绿意盎然的空间。
BROCANTE 的松田女士将为您介绍五种主题的种植方法。

配合环境选择植物

　　首先要确定日照条件和温度，判断当前环境是否适合打造容器花园，然后配合环境选择合适的植物。不仅要注意朝向，季节差异以及与相邻建筑物之间的距离也会对日照产生影响。另外，还要确定当前环境究竟属于向阳、半背阴还是背阴环境。屋檐下适合摆放不耐寒的植物。可是，若植物无法淋到雨水，容易出现病虫害，所以生长期要注意在叶子上洒水。新购买的植物，花盆中基本已经被根部塞满。要换成大盆种植，保持充足的水分，促进根部生长。如果要摆放多盆植物，要注意统一花盆的设计、质感和风格，让整体风格统一。

组合叶色明亮的植物，用常绿植物在窗边遮挡视线

哪怕是容易变暗的区域，只要装饰上叶色明亮、柔和的植物，也可以给人留下清爽的印象。这些植物可以遮挡他人的视线，人们还能从室内透过窗户欣赏绿色。

乳香黄连木

薄叶海桐"银光"

金八角

具刺非洲天门冬

果南天竹

▶ 薄叶海桐"银光"

海桐是人气花材。在日本，海桐属品种繁多，有的较矮，有的带斑纹。薄叶海桐"银光"开紫黑色小花，是原产于新西兰的灌木，在当地能长到2~3米。叶子不会过于茂密，所以茂盛时植株依然轻盈。生长速度较慢，就算放任不管也不会疯长，几乎不需要修剪。

▶ 乳香黄连木

可食用的黄连木虽然是落叶树，但却是同类品种中的常绿灌木。它原产于地中海沿岸和中亚地区。树干中提取的树脂干燥后可作为天然口香糖，有预防牙周炎和龋齿的作用。它在向阳处和背阴处都能生长，并且耐潮湿，是非常优秀的灌木。

▶ 金八角（*Illicium* 'Aurea'）

它是和日本莽草同属的黄叶品种，树干带有红色，喜欢潮湿肥沃的土壤，生长速度缓慢。光照强时会出现烧叶现象，所以推荐将其种在建筑的北侧、东侧等半背阴处。和深绿色的植物搭配会更加突出其叶色。香料八角是用与之同属的八角的果实干燥制成的。

▶ 具刺非洲天门冬

虽然也可以作为室内绿植，不过它耐寒性较强，所以在日本关东南部以西地区能够在室外培育。根部肥大，能储藏水分和养料，植株耐旱性强。枝叶向下生长，推荐将其放在高处。强光照射下的叶子颜色较淡，所以最好养在屋檐下等半背阴处。植株健康时会开花，结红色果实。

▶ 白果南天竹
（*Nandina domestica* var. *leucocarpa*）

说到南天竹，人们多会想到红色的果实和叶子，白果南天竹则是绿叶白果的品种。近年来，市场上也出现了铜叶品种和黄叶品种。白果南天竹喜欢排水性好的土壤，在向阳处和背阴处都能生长，生命力强，不容易生病虫害。因为它是日本的品种，所以带有日式风格。不过由于它耐寒性强，在法国等地也经常被当作盆栽培育。

在不利的条件下
也能欣赏鲜花和绿植

您家里有没有因为阳光照不到而被放弃的地方呢？很多植物在背阴处也能茁壮成长。在这里，除了绿叶，也能欣赏到鲜花和果实。

千里香

全缘贯众

紫叶马蓝"喜雅"

假叶树

大岛苔草"珠穆朗玛峰"

▶ 千里香

它又被称为九里香，一直作为观叶植物供人欣赏。它耐寒性稍差，不过在日本关东南部以西地区还是可以在室外培育的。冬天要将其放在吹不到冷风的屋檐下。它耐阴性强，叶子小巧轻盈。在条件好的情况下，枝头会开出像橘子花一样的白色小花，味道很香，之后会结果。幼苗枝条柔韧，要选择树干结实的植株。

▶ 假叶树

假叶树分布在地中海到黑海沿岸。它耐阴性、耐旱性均强，在屋檐下等不利的环境中也能生长。叶尖呈针状，打理时要小心，不过用于防盗也不错。雌雄异株，雌株的叶子中间会开花，结出红色的果实。深绿色的叶子独特罕见，可以与其他颜色的植物组合。

▶ 大岛苔草"珠穆朗玛峰（Everest）"

苔草在全世界有大约2000个品种，有棕叶品种、黄叶品种等多个园艺品种。本品种耐寒性、耐阴性均强，生命力旺盛，非常容易培育。植株会自然长成圆形，所以不需要过多打理。只是根部过于茂盛时叶子会长不好，种在花盆中时需要定期分株。建议将其种在较高的花盆中让叶子垂下来。

▶ 全缘贯众

它分布在日本全境，被当成杂草，在房屋之间完全晒不到太阳的狭窄缝隙中也能自然生长。与之同属的贯众叶子薄，表面没有光泽，而全缘贯众却并非如此。因为叶子背面有孢子囊，所以不少人不喜欢它。不过它适应环境的能力相当强，可以在不利的条件下种植。

▶ 紫叶马蓝"喜雅"

这是原产于印度的园艺品种。因为是热带植物，所以它的耐寒性弱，冬天吹到冷风会冻伤，不过在日本关东南部以西地区可以种在小巷路边。它适合种在花盆中，在背阴处也能生长，只是会难以开花。气温下降的秋季到来年春季期间，叶子整体呈现紫黑色，非常美观。在日照条件好的地方，春天它会开出浅紫色的可爱花朵。

在屋顶或阳台上
欣赏形状独特的植物

有些空间阳光过强，不方便浇水，在这种地方推荐培育耐旱性强、外形高冷的植物——只放一盆就能像雕塑一样，呈现出令人印象深刻的画面。

▶ 龙舌兰

龙舌兰耐寒性强，在日本关东南部以西地区也可以地栽。因为体型较大，所以在狭小的地方适合将之种在花盆里。它喜光，养在能淋到雨水的地方时不需要浇水。40~50 年开一次花，开花后植株枯死。本品种是普利克酒（Pulque）的原料，龙舌兰酒（Tequila）的原料是太匮龙舌兰。

▶ 八荒殿

在野生环境下，八荒殿的株幅能达到 50~60 厘米，属于中型品种。叶子数量随着生长而增加，茂盛的灰绿色叶子很美。它在龙舌兰属中属于耐寒性较弱的品种，被霜打到后叶子会损伤。种在花盆中时植株生长速度较慢。龙舌兰属整体喜光，若日照条件差则生长情况差，叶子颜色和形状不佳。

▶ 石棕

石棕灰绿色的叶子很美，适合种在半背阴或向阳处，耐寒性强，在日本关东南部以西地区可以地栽。虽然它的耐寒性强、生命力强，但是过分缺水后叶子会损伤，需要留心。棕榈科的植物一般都耐干旱，其中棕榈和欧洲矮棕也适合种在花盆中。

▶ 小花红丝兰

小花红丝兰外形像芦荟，和龙舌兰同科，非常耐旱，也有一定耐寒性和耐热性。它生命力强，几乎不需要打理，因此推荐给生活节奏快的人。肉质的叶子纤细柔软，并具有草类特征，方便搭配其他植物。初夏时节，还能欣赏到植株基部长出的红色花朵。

小花红丝兰

石棕

八荒殿

龙舌兰

四季常青的魅力——尽情欣赏花朵、果实和叶子的颜色吧

常绿植物给人的印象大多是培育简单，可是花朵、果实和叶子的颜色单调。但事实并非如此。尝试打造出能尽情欣赏的空间吧。

流苏相思

水果蓝

红花银桦

迷迭香叶银桦"一品黄"

灌木迷南香

离被鸢尾

柠檬

阿尔巴尼亚大戟

▶ 水果蓝

水果蓝是原产于南欧的灌木，耐寒性强，生命力强，易培育。银绿色的纤细叶子生长速度慢，萌芽能力强。从初夏开始开出蓝紫色的花朵。需要间隔1~2年将植株从花盆中取出，整理一次根部。

▶ 柠檬

种下一株也能结果，既能观赏也有实用性。柠檬不耐寒，气候严寒的时期要将其移到吹不到寒风的温暖处。照片中的是带斑纹的品种，果实表面有花纹，果肉呈粉色。

▶ 流苏相思

它耐霜，春天会开出黄色的花朵，香气温和。相思树属（金合欢属）植物生长速度快，种在花盆中能控制植株大小。不过根部会布满花盆，可以2~3年换一次土，整理根部。

▶ 灌木迷南香

叶子形状与迷迭香的相似，但略带灰色。因为植株外形柔和，近年来灌木迷南香很受欢迎。花期长。种在花盆中显得枝繁叶茂，不会有明显的病虫害，易培育，但要注意不要断水。

▶ 离被鸢尾

它是常绿鸢尾，耐旱性较强，生命力强，耐寒性强，在日本关东南部以西地区可以种在路边。初夏开花，市场上有株高50~60厘米的白花品种，以及1米左右的黄花品种（双色野鸢尾）。

▶ 迷迭香叶银桦"一品黄（Lutea）"

它是银桦中耐寒性强的品种，耐潮湿，在半背阴处也能生长，不过开花数量会变少。从初春开始开发白的黄绿色花朵。可以尽情修剪，植株能够长到2米以上。

▶ 红花银桦（Grevillea semperflorens）

它从初春开始开出小巧的杏粉色花朵，枝头微微下垂，外形温柔。花瓣根部有甜味，是野鸟的蜜源。一般银桦属植物断水后就会立刻枯萎，需要留心。

▶ 阿尔巴尼亚大戟

它喜干，所以要放在通风好的地方；在屋檐下也能保持良好的状态；耐寒性强，在半背阴处也能生长，只是开花数量会减少。剪断枝叶后会流出大量乳液。

用富有个性的植物来演绎风格和形象

如果想打造突出风格和形象的空间，可以选择叶子形状和姿态富有个性的植物。这里以"异国风情"为主题选择植物。

肾蕨

塔斯马尼亚蚌壳

蜜花

艳山姜

铁线蕨

▶ **肾蕨**

肾蕨分布在全世界的热带到亚热带地区。日本也有野生品种，其耐寒性较强。肾蕨可以在向阳处或半背阴处茁壮成长，不过在阳光充足的地方更容易保持美丽的叶色。在背阴处，叶子可以长到 1 米长，可以将其种在吊挂式花盆中欣赏。也有枝叶下垂的品种。地栽时匍匐枝会铺开，繁殖旺盛。

▶ **艳山姜**

艳山姜虽然是热带植物，不过种在日本东京的路边也能过冬，所以它有一定的耐寒性。阳光直射会导致烧叶，可以将之放在半背阴处。剪断茎后会散发出独特温和的香味，叶子的成分可以用作香料。也有带黄色和白色斑纹的品种，颜色对比鲜明。条件合适时能开出白花。

▶ **塔斯马尼亚蚌壳**

这是分布于澳大利亚和新西兰的蕨类植物。叶子宽大美丽，有耐寒性，作为具耐寒性的直立型蕨类植物人气较高。在日本关东南部以西地区可以地栽，不过温度低于 0℃ 时叶子会冻伤。阳光直射会导致烧叶，所以要在半背阴处培育，生长期在叶子根部浇足水。

▶ **铁线蕨**

在日本九州和四国地区有野生品种。铁线蕨是热带植物，耐寒性弱，因其叶子轻薄华丽而给人柔弱的印象，但在日本关东南部野生的铁线蕨生命力很强。阳光直射会导致烧叶，要在半背阴处培育。铁线蕨耐旱性较弱，培育的重点在于避免断水。

▶ **蜜花**

蜜花是分布在南非、澳大利亚和新西兰的灌木。灰绿色的叶子很美。蜜花虽然耐寒，但是寒冷会使其叶子受伤，可以在根部修剪，这样春天会长出新叶。蜜花是蜜源植物，在初春会开出 30~40 厘米长的红黑色大花。不过蜜花整株有毒，所以要避免小孩子和宠物误食。

有果树的庭院

Fruit tree

培育的喜悦，投入爱意的喜悦，收获的喜悦，果树栽培中能体会到多重喜悦。

这样的生活甚至可以从小小的庭院和阳台开始。

在有限的空间中轻松培育果树

说到培育果树，您或许会觉得既花时间又困难，门槛也很高。不过有些果树也是能轻松培育的。果树能让小小的庭院更加立体，就算您只有阳台或者露台，也能选到合适的果树。大多果树的果实颜色与绿色对比强烈，能成为庭院、阳台、露台上的一抹亮色。

和虫子共存的无农药果树

和其他绿植相比，果树容易生病招虫。虽说如此，既然不是为了拿果实去卖，就不用过于敏感，请抱着"有点儿损失也没关系"的想法培育吧。正因为不使用农药，便能放心地品尝果实。将果树种在花盆中时，要尽可能选择较大的花盆。要想使之结出好果实，需要一定量的土壤。从下一页开始介绍的果树都是容易培育的品种，适合新手栽培，它们能让庭院、阳台、露台的风景更加美丽。

葡萄宽大的叶子绿意盎然，非常适合遮挡外人的视线

葡萄的叶子宽大，颜色鲜艳，是非常优秀的绿色植物。

要想使之结出大小整齐的果实，就需要花费一定的功夫。

若只是自己享用，只要剔除较小的果实就好。

围墙上

种葡萄不一定要用专用葡萄架。就算像照片中一样缠绕在围墙上，葡萄也能结出一串串果实。不需要花费太多功夫，您就能吃到美味的葡萄。

架子上

花架上铺着铁丝网，变成了葡萄架。现在正是结出大颗果实的季节。这家的主人说："开始结果后，照顾葡萄变得开心起来，烦琐的工作也不会让我感到辛苦。"

柱子上

葡萄缠绕在露台柱子上。爬到顶后，葡萄藤又会顺着屋檐生长，尽情伸展后就会开始结果。

可以攀爬，
花朵和果实都很可爱
的果树

在狭小的空间中也能茁壮成长，结果时间短的浆果类果树非常适合家庭种植。它们的魅力在于，与其他果树相比，它们抵御病虫害的能力强，收获方便。

博伊森莓

博伊森莓（Boysenberry）是黑莓和覆盆子的杂交品种。果实外表和黑莓相近，酸味更浓。在日本市场上并不多见，可以网购树苗。它生命力强，易培育，果量大，只种一株也能尽情享用。根部会在地下深处不断扩张，如果周围有不希望被影响的植物，建议将其种在花盆里让枝条向上延伸。

蓝莓

推荐将蓝莓作为新手栽种的第一种浆果类植物。种在花园中时，蓝莓枝叶能尽情伸展，结出很多果实。就算种在花盆中您也能每年品尝到美味的果实。白色的铃铛状小花很可爱，秋天的红叶也很美丽。蓝莓是落叶树，春天会发新芽，是能够展现季节变化的果树。种在花盆中时，在土壤中混入较多的泥炭藓能让植株长得更好。

黑莓

黑莓原产于北美洲，耐热性和耐寒性都强，不需要太多打理也能茁壮成长。因为生命力旺盛，所以只要地方够大，黑莓就能不断长大。有攀缘生长和向正上方生长两种类型，您可以根据种植的场所选择合适的品种。

无花果

可以种在花盆中，在阳台和小庭院中欣赏

无花果的果实数量多，甚至被说成"每片叶子都能结出一颗果实"。它的魅力在于种在花盆中也能长出大量果实。

无花果

若快的话，在种下的当年您就可以收获果实。市场上销售的无花果都是早熟的品种，所以买来种在家里您也能品尝到成熟的果实。如果要种在花盆中并且希望收获更多果实，您可以选择尽可能大的花盆。

让绿植覆盖围墙和墙壁

充分利用藤本植物

Crawling plants

藤本植物凭借自身的伸展能力可以让周围都变成一片绿色。

让我们充分利用它们的这一习性吧。

可以在狭小的空间里培育，向上生长后能接触到阳光

藤本植物的优点在于能在狭小的空间里生长。就算根部光照较差，随着藤蔓向上生长，植株也能接触到阳光。如果您家的院子不适合种植其他绿色植物，可以选择种藤本植物。

确认植物的伸展特性，在合适的地点培育

藤本植物实际上被细分为各种各样的类型。有的藤本植物可以主动攀附在支撑物上不断伸展，有的则需要人为牵引。很多主动伸展攀缘的藤本植物会伸出气根依附在墙壁等地方向上生长。水泥墙和砖墙没有问题，如果是木质建筑物，则有可能受到此类藤本植物的伤害。而无法主动攀缘，需要人为牵引的藤本植物则需要花较多功夫打理。因此，重要的注意事项是根据种植地点选择植物。另外，培育开花的藤本植物时，就算藤本植物有向上伸展的优点，也需要确保植株能够接受足够的日照。

花叶地锦

叶子纹路和
颜色变化很美。

花叶地锦的叶脉纹路清晰美丽。叶子正反两面颜色不同，且会随着温度的变化而变化，秋天会变成红色。花叶地锦是落叶植物，冬天会落叶，用作篱笆时需要注意。植株生长旺盛，比地锦容易培育。它会长出气根来攀爬，要注意支撑物的材质。

白色的花和银绿
色的叶子提高了
庭院品位。

络石

络石的别名为"风车茉莉"。它的叶子比亚洲络石大一些，微微发白，十分高雅，所以人气很高。几乎不用担心病虫害。它是常绿植物，能轻松打理。在6月还能欣赏到芬芳的花朵。形状和香味都与茉莉相似，但是有毒，不可食用。

网络鸡血藤

不用造架子就能
欣赏藤蔓和花。

有人虽然喜欢多花紫藤，但因为它会长成大树，所以不愿意培育。那么网络鸡血藤正适合这样的人。网络鸡血藤与多花紫藤是不同品种，花朵不会下垂，但也会开出很多与之相似的紫色花朵。不需要架子，株型比较小巧，管理起来比较轻松。不过网络鸡血藤是热带植物，不耐寒，最低气温低于3℃时就无法顺利过冬。网络鸡血藤是江户时代传到日本的植物，当时被当作盆栽培育。

藤本月季和铁线莲被称为藤本植物中的花之女王。月季分为藤本型和直立型等，购买时要仔细确认。两种植物的种类都很丰富，可以配合想要营造的庭院氛围进行选择。光照差时开花少，所以要检查整片区域的光照情况。

> 绿色布满了上方和周围。

素馨叶白英

> 可以考虑各种颜色组合。

藤本月季和铁线莲

素馨叶白英有白花品种和白花、紫花混合的品种，它们的魅力在于花期都很长。素馨叶白英在常绿藤本植物中属于伸展后不会过于茂盛的品种，十分高雅。不耐寒，种在寒冷地区时叶子可能会冻伤。

薜荔

> 整面墙壁铺满了绿色。

薜荔是会长出用以附着支撑物的气根的品种。它是常绿植物，容易分枝，最适合用于墙壁的绿化。不过要注意墙面的材质。和无花果同属，所以和无花果一样看不见花，会结果（榕果）。

松田女士推荐的果树

葡萄

特 征

从种下到结果之间的时间短。种在家里时要选择长势不过于旺盛的品种。巨峰和先锋的栽培比较困难。

培育要点

藤蔓生长旺盛，所以要做好牵引和摘心。给果实套上袋子可以防止病虫害。

博伊森莓

特 征

果实和黑莓相似，有小小的种子，不过不影响直接食用。在寒冷地区也能培育。

培育要点

植株会沿着地面伸展，所以一定要牵引到篱笆和支柱等上面。春天会长出新的藤蔓，要剪断旧藤蔓。

蓝莓

特 征

有兔眼蓝莓和高丛蓝莓等类型。一株植物也能结果，如果在附近种植不同品种的植株，则更容易结果。

培育要点

蓝莓喜欢酸性土壤，可以用泥炭藓改良土壤，或者将其种在专用培养土中。蓝莓不耐旱，因此要小心不要断水。

黑莓

特 征

果实逐渐成熟时，会从红色变成黑色。黑莓大多有刺，不过，也有方便打理的无刺品种。

培育要点

从根部长出的枝条每年都要更新。地下茎会不断生长，所以从不需要的位置长出的枝条可以从其根部剪断。

无花果

特 征

根据结果时期不同，无花果可以分为夏果专用品种、秋果专用品种和夏秋果兼用品种，所以在购买时要注意。

培育要点

要种在排水性好的土壤中。植株生长旺盛，2~3个月要修剪一次。从节和节之间剪断。

松田女士推荐的藤本植物

藤本月季和铁线莲

特 征

花的种类丰富。都有四季开花的品种和单季开花的品种，可以根据情况选择。

培育要点

藤本月季容易生病虫害，所以重要的是早预防、早发现。铁线莲从出现花苞到开花期间要注意避免断水。

花叶地锦

特 征

花叶地锦耐寒性、耐暑性都强，喜欢阳光，但也可以在半背阴处培育。夏天结果。绿色到深蓝色的渐变色很美。

培育要点

有气根，不过附着力不如其他同类植物的。如果藤蔓延伸到规划范围外，可以用手将其剥离。

素馨叶白英

特 征

虽然它是茄科植物，但却没有刺。有的品种叶子周围有一圈黄色斑纹。在日本关东北部以北地区难以在室外过冬。

培育要点

春天和开花后适合修剪。植株生长旺盛，如果伸展过度会破坏树形，可以适当修剪。

络石

特 征

在最低温度低于零下10℃的地区难以过冬。它的耐寒性比亚洲络石的差。花朵呈星形。

培育要点

夏天过后会长出花芽，所以要在花期结束后立刻修剪。落叶是缺水的标志。

薜荔

特 征

放任不管会肆意生长。叶子背面叶脉凸起。耐潮性较强，可以将其用在海边的篱笆上。

培育要点

植株较小时生长速度慢，几年后生长速度会显著提高，所以必须定期修剪。

网络鸡血藤

特 征

花朵不像多花紫藤的一样下垂，会向上生长。除紫花品种之外，也有开红花和黄花的品种。开花后会长荚。

培育要点

虽说藤蔓的生长不像多花紫藤那样旺盛，不过还是需要打理的。生长过度的枝条每年都需要修剪，以整理树形。

第 3 章

创作和装饰

植物只用来观赏就太浪费了！
创作、装饰、送礼，
每一个过程都能带来莫大的喜悦。

做成花环和花束来装饰房间

花环的形状无始无终，象征着永远。

让我们长久地享受大自然的恩惠吧。

将用麻布扎起的花束挂在画
框上，增加了室内装饰的厚
重感。

宅间美津子

宅间美津子　　作为底座的佛塔树枝条气势很足。使用
大量柔和的植物，让整体保持平衡。

宅间美津子

自然而然地挡住了露台的水管。

期 待 这 些 白 绿 色

植 物 今 后 的 变 化

用新鲜的白绿色植物做成
的花环。随着时间的流逝，
颜色渐渐变得有韵味。

宅间美津子

松田尚美（BROCANTE）

细枝流畅、

优美的花环

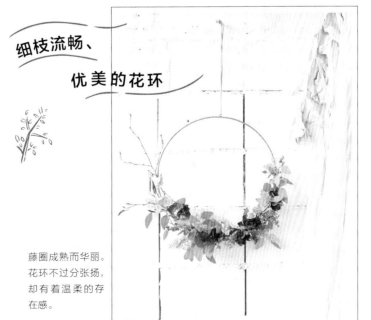

藤圈成熟而华丽。
花环不过分张扬，
却有着温柔的存
在感。

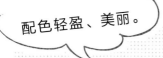

配色轻盈、美丽。

一年四季都能欣赏的花环

刚做好的花环是鲜绿色的，随着时间流逝花环逐渐变干，
能装饰一整年。

制作·指导 / 松田尚美（BROCANTE）

多花桉

野胡萝卜

苹果桉

垂枝桤木

曲秆莎

文心兰

秋色绣球花

铁筷子

🌿 所有花材都要新鲜

所有花材都是新鲜的。铁筷子可以换成月季，秋色绣球花可以换成圆锥绣球或者土茯苓。在花店购买时，也可以直接选择干花。花环的支撑圈可以直接用市售产品，也可以用盆栽专用的铁丝或者较粗的铁丝绕一个圈。这里使用了市售的黄铜圈。

黄铜圈（市售）

花环用铁丝

1

想象着完成时的样子，在左侧缠绕垂枝桤木和多花桉。将花材沿着黄铜圈缠绕，用花环用铁丝适当固定（以下步骤相同）。

→

2

沿着花环在右侧缠绕苹果桉。

→

3

在中间部分缠绕文心兰和秋色绣球花，保证一定的重量以达到平衡。填满叶子间的空隙。

一段时间后仍然美丽。

Finished
完成

🌿 平衡花果的颜色与绿色

将铁筷子、曲秆莎、苹果桉、野胡萝卜缠绕在花环上。注意平衡。随着时间的流逝，花材、黄铜圈的颜色都逐渐变得深沉。

简洁可爱！

用针叶树枝制作的圣诞花环

和上面的花环一样使用环状支撑圈，将花材缠绕在上面。大量使用针叶树的枝叶，绑上蝴蝶结，就成了圣诞节气氛的花环。不同系法的蝴蝶结可以展现出不同的氛围。

① 日本花柏"林荫大道（Boulevard）"

② 蓝冰柏

③ 白冷杉

④ 尤加利果

⑤ 刺柏

小巧简洁的花环

只用一种花材做成的干花小花环，

可以成为卫生间、厨房角落等小空间的点缀。

制作·指导 / 松田尚美（BROCANTE）

做出多个花环，

自由排列

使用路边的杂草

这里介绍的花材都可以轻易在网上买到。除此之外，在路边捡到的禾本科杂草晒干后也可以使用。收集狗尾草、狼尾草、银鳞茅等美丽的禾本科植物，做成花束挂起来就能成为简单的干花装饰。让我们在散步途中寻找美丽的花材吧。

轻盈，可以装饰在任何心仪之处

干花做成的简单花环非常轻，不用将绳子系在藤圈上，可以直接用钉子挂在墙上作为装饰。

一种花材制作，多种装饰方法

因为形态简洁，比起用多种花材共同做成一个花环，只用一种花材做出的饰品更加美丽。推荐做多种不同的小饰品共同装饰。平时就收集蓬松的草穗，颜色和形状有趣的果实和枯草吧。

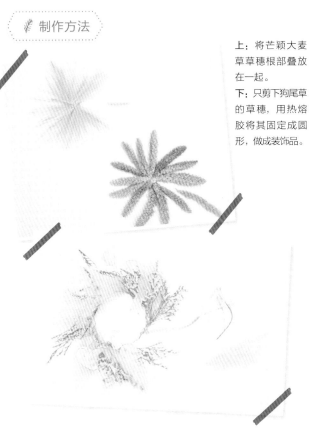

🌾 制作方法

上：将芒颖大麦草草穗根部叠放在一起。

下：只剪下狗尾草的草穗，用热熔胶将其固定成圆形，做成装饰品。

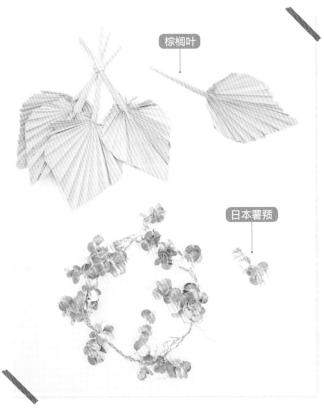

棕榈叶

日本薯蓣

用细铜丝做成直径约 10 厘米的圆。银扇草、蒲苇、补血草各取一枝，用丝带将其固定在铜丝上。

上：用拉菲草绳把棕榈叶绑起来。

下：用细铜丝做成直径约 10 厘米的圆，缠上染成金色的日本薯蓣。

用大体积的花材做成。

华丽的花束

由干花（只有⑤是鲜花）做成的花束（花束形壁饰）。以⑤为轴扎好花材，注意整体的平衡。

① 蒲苇　　② 垂序商陆

③ 秋色绣球花　　④ 牛至

⑤ 贝利氏相思　　⑥ 兔尾草　　⑦ 迷你石头花

温馨和睦的花艺教室

自己动手制作是一件愉快的事。有了专家指导的窍门，
作品一下子变得文雅俏丽了，真是神奇。

鲜花束逐渐变成干花束，在任何季节都能欣赏

植物经过日本镰仓市"草花屋 苔丸"的店主赤地光太郎的母亲美冴打理后，仿佛像被施了魔法一样，会变成品味高雅的混栽或者艺术作品。美冴会定期开办花束和花环课堂。在圣诞节即将到来的某一天，温馨和睦的课堂又开课了。这次的主角是形态独特的帝王花。刚刚做好的花束正适合作为圣诞节和新年的装饰。随着花材逐渐干燥，花束会渐渐融入所在的空间，褪去季节感，成为全年都能使用的装饰品。正因为是自己亲手制作的，才更能在作品中寄托爱意，欣赏它随着时间流逝发生的变化。

大家面对各种个性十足的花材，一边发出感叹，一边自由构想，创造自己的花束。"装饰一年之后，还要来这里更新！"大家已经在期待一年后的课堂了。

花材有蓝冰柏、荚蒾、云杉、帝王花、绒柏、绒球花等。

将针叶树的枝叶叠放在一起做成基座，还用上了课堂成员带来的礼物猕猴桃藤。

用铁丝一点点地固定花束。

※ 采访日期为 2020 年 12 月

主角帝王花放在中间。

用红色青葙（鸡冠花）和银灰色澳地肤点缀。

在花束的根部附近放上绒球花。

剩余的材料还可以做成小花束。

用针叶树短短的叶子盖住根部，用拉菲草绳整体固定。

Finished
完成

狝猴桃藤为花束增加了动感。

插花让房间熠熠生辉

用从花店买来的花束装饰房间，总觉得缺了点儿什么……您有没有过类似的感受呢？下面，将为您介绍插花的窍门。

在花店购买花材时，需要检查花材的新鲜程度。插花前，要取下会浸入水中的叶子，分枝的花材要根据使用方式剪开。另外，为了让花材持久新鲜，要让它们吸收充足的水分。将花枝斜切后插入水中，操作方便。如果花材太散难以插入花瓶，可以使用支架。

插在大花瓶中的银荆、勿忘草、六出花生机勃勃。

提高品位的小技巧

为什么自然风的装饰看起来品位更好？
请欣赏专业花艺师的作品。

用小巧的银荆插花同样新鲜。与花朵颜色对比强烈的花瓶充满现代气息。

图中作品使用的是原本种在花盆里的三色堇。大小两个玻璃瓶搭配得很好。

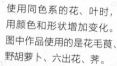

使用同色系的花、叶时，用颜色和形状增加变化。图中作品使用的是花毛茛、野胡萝卜、六出花、荠。

三色堇搭配豆科植物的花，就像野花花束一样。

下图中的是一枝大星芹。想象着插好后的样子，修剪主茎。

将同一株大星芹上分出的部分分别插在大中小三个玻璃花瓶中。

花和花器的平衡很重要

插花时，如果花和花器不平衡，就会让人感觉不舒服。请欣赏能给人带来安心感的插花方法吧。

充分利用小花瓶，摆出有节奏感的作品吧 ♪

1

2

4

1 从左到右分别是银莲花、花毛茛、多花素馨、月季、三色堇、郁金香。本想扎成一束的，不过将它们分别插在五个花瓶中却显得如此鲜活。窍门是使用统一风格的花瓶。也可以先将它们插在一个花瓶中，一段时间后去掉枯萎的部分，再分别插入不同的花瓶。

2 郁金香的重心在花朵上。如果花朵向下垂，也别有一番风味。请最大限度地利用花朵的朝向和花茎的线条吧。为了让花维持的时间更长一些，要每天用水清洗花瓶和花茎。

3 三色堇可以借助叶子的力量保持不对称的姿态。

4 调整野胡萝卜的花朵朝向和花茎长度，从正上方看呈三角形，十分平衡。

3

铁筷子的花朵有重量感。右边用较高的花瓶，左边用透明的花瓶，营造出轻盈的氛围。

右图中的花材是细斑立金花。作品展示出有设计感、独特的花穗形状。

插花束时，要强调纵深感。这里用了贝母、三色堇、花毛茛、郁金香、铁筷子。

寻找最美的位置吧

1　一枝细枝柳。修剪枝条前要想象插好后的样子。

2　枝条垂下的麻叶绣线菊。插花窍门是要顺着枝条的走向。

3　充分利用瑞香形状独特弯曲的长长枝条。

1

2

3

在任何季节，散步都能转换心情。一边散步，一边仔细观察路旁和空地上散落的杂草，小草的姿态和小花的美丽会让人眼前一亮。就算是在城市中，附近的小公园，公寓的角落里也有拼命生长的花草。您有没有因为看见从水泥裂缝中坚强发芽的小草而感动过？摘一些可爱的花草回家，试试将它们做成押花吧。颜色鲜艳，外表绚丽的花朵做成的押花自然美丽，不过杂草顽强的生命力和欣欣向荣的姿态同样别具一格。将散步时发现的自然气息和感动封存在小小的作品中，在家也能尽情欣赏。

制作押花装饰

散步时发现的不起眼的杂草也能做成『押花』来装饰，这样房间中就有了一个花草世界。

押花作品中的是长鬘蓼。
右边照片中的是信田家院子里的花草。

发现花草的魅力，
描绘出它们的身姿吧

花草的茎拥有独特的线条，叶子、花朵的形状具有艺术气息。
让我们充分利用它们美丽的形状，做出只属于自己的作品吧。

❀ 制作押花，仿佛
置身于原野

信田良枝曾在日本栃木县益子町经营一家咖啡馆，她一年四季都会摘下院子里美丽的花草做成押花欣赏。咖啡馆的院子里，植物欣欣向荣，站在院中仿佛置身于初春的原野或者秋季的草原上。信田喜欢的植物有长鬃蓼、油点草、玉簪、打破碗花花、铁筷子、具芒碎米莎草等。她说藤本植物或者茎较长的植物容易做出感觉更好的作品。她会用各种各样的花草尝试制作押花，每天都在享受新发现。

❀ 制作时想象着
完成的样子

信田女士将为我们介绍制作押花作品的方法。首先，在木板或者厚纸上铺一张和纸等薄薄的纸张。然后，放好想要押制的花草，盖上报纸、厚纸或者木板。最后，压上厚书等重物。1~2个月后，押花就做好了。制作要领是将刚刚摘下的花草放在薄纸上时，要想象出完成时的样子。

在房间中也能感受到与
大自然接触时的感动和喜悦

押花做好后，让它们在房间中绽放光彩吧。

讲究底板的素材，能进一步提高品位。

从上到下是玉簪、葛、黑种草的果实。

🍃 寻找能用来装
饰押花的材料

信田女士说："为了尽可能在房间中重现美丽的自然和独特的花草，要使用符合押花风格的底板和边框。"尝试各种押花、底板、边框的组合，是制作押花作品的乐趣之一。右边照片中的作品是给现成的边框上色，在底板上铺了一块旧布，然后粘上押花制成的。这是信田女士喜爱的一个作品。

四叶的车轴草（四叶草）配上干花作为装饰。

左边照片中的押花植物是蓟。右边照片（标题上方的）中的植物是铁筷子、夏椿的果实等。

🍃 选择底板时会有新发现

信田女士说："押花的底板可以是旧布、手抄和纸、树皮等。"一边和完成的押花作品"交流"一边选择底板，做出只属于自己的原创作品吧。

第 4 章

出门逛逛
治愈心灵的咖啡馆

不用去远方旅行，只需要去家附近的绿植店或者绿意盎
然的咖啡馆就能转换心情。还可以参考店里利用植物进
行装饰的方法。

树屋大受欢迎！
喜欢植物的人一定要去一次
[Fleur Universelle]

～ 一楼是花店，楼上是咖啡馆 ～

法国乡村风的花店

距离日本东京广尾的大街一步之遥的地方，有一片绿意盎然的空间。走近一看就会发现，那有一座隐蔽的小树屋。红楠树怀抱中的是一间花店，此般景致就像打开了绘本一样。这里仿佛已经不是东京，而是法国的乡村。喜欢植物的人自不用说，就算对植物不感兴趣的人也会情不自禁地驻足，被吸引着走进其中吧。走进店铺的一楼一看，空间比想象中的还要宽敞，五颜六色的鲜花和独特的观叶植物映入眼帘。人们会立刻开始选择想装饰在家里的花或者送给很少见面的朋友的植物。

通顶的开放空间中充满了植物散发出的魅力。让人想在不同季节到访。

站在红楠树下，花店仿佛置身于树洞中。

从门口的梯子可以爬上树屋。在没有人的晚上，仿佛树精灵们会悄悄聚集在这里。

在绿色的包围中，
身体的感觉都变得敏锐了

　　建筑的三层和露台是被绿色环绕的咖啡馆。
在红楠树和葡萄叶的包围中，这片空间隔绝了城
市的喧嚣，置身其中时甚至能感受到透过枝叶洒
下的阳光和风的流动，身体的感觉都变得敏锐了。
在这儿吃一顿新鲜蔬菜的餐食，仿佛在林中野餐
一般。餐后前往一直向往的树屋吧。

　　走在咖啡馆前往树屋的通道上，让人感觉
仿佛即将前往的是秘密基地。慢慢钻进树屋入
口，小窗外的植物近在咫尺。与植物相处会让
人心情平静，所以人们总是希望在自家触手可及
的位置放上植物。

1

2

3

4

1 露台上到处都是一小盆一小盆的植物，客人们可以将此处的布置作为在家里装饰植物的参考。
2 葡萄架上垂下的嫩绿枝叶在阳光的照射下愈发鲜艳。
3 高高的花盆中，常春藤的藤蔓自由伸展。
4 店主对古老的红楠树着迷，从树木身上得到灵感，建造了这座拥有树屋的独特的植物小店。
5 店里的氛围仿佛是法国南部优雅的花店，除了鲜花和观叶植物，还有花环和花束等装饰为营造氛围做出贡献。
6 店里还有珍稀植物，撩拨着植物爱好者的心。店员会亲切地为顾客介绍培育方法等。

5

6

店铺和住宅都开放！
与令人心动的植物度过每一天
[PARLOR 8ablish]

~ 食物、室内设计、植物都很考究 ~

原产于热带雨林的菱叶白粉藤"埃伦·丹妮卡（Ellen Danica）"不容易培育，光照不能太强也不能太弱。

原产于亚马孙的美叶光萼荷（蜻蜓凤梨）开花了，或许有的客人就是冲着它来的。

紫露草粉色的斑纹很鲜艳，垂下的枝条仿佛能为人们注入活力。

丝苇喜欢光照好、通风好的地方。店里将其挂在天花板上，找到了最适合它的位置。

混栽以拥有美丽白色斑纹的凤尾蕨为主角，后面的帝锦"白鬼（White Ghost）"仿佛在偷偷地比剪刀手。

和植物一起，平心静气地围在餐桌旁

高高的天花板下是宽敞的空间，在这里可以尽情呼吸，放松身心，进店后会觉得突然松了一口气。这里是位于日本东京南青山的 PARLOR 8ablish。20多年前，"素食主义"还没有普及，这家任何人都能在同一张餐桌前安心吃饭的咖啡馆就已经开始运营了。

坐在桌旁，面前有与客人相对的植物，身边有和客人站在同一块地板上的植物，头顶上还有像太阳一样"给客人打气"的植物，客人仿佛和植物围坐在同一张餐桌旁。仔细一看，这些植物就连叶梢都保养得很好。不经意间抬头看看天花板，上面布满了纵横交错的轨道。这些轨道能让植物们自由移动，仿佛有魔法一般，让透过大片玻璃窗洒下的阳光能照到每一盆植物，空调的风却不会直接吹到它们。

人和植物都充满活力

距离 PARLOR 8ablish 不远，就是该店法人代表川村明子以及董事长宅间赖子的住处。在那里，高高的天花板下宽敞的空间里，也有很多植物迎接客人。

川村明子还有艺术总监的身份，她严格挑选的室内装饰和充满存在感的植物在这里却散发出一丝温柔的气息。仔细一看，阳台上还有植物的"养生空间"。

宅间赖子说："店里没精神的植物会暂时移到这里休养。等它们恢复精神之后再放回店里，就这样循环往复。"两人无论在店里还是在家里，都在将植物迎来送往。

川村明子说："遗憾的是，还是有不少植物死掉了。这种时候我就会思考究竟是哪里做得不好，阳光？风？水？不断试错后才有了现在的状况。"植物们在店里给很多人补充活力，累了之后就在这里休息，和人类一样生活。这也让人感受到，在店里包围着客人们的温馨空气同样存在于这个家里。

在屋顶上的露天花园里能眺望城市中心的夜景。火烈鸟装饰的后面，灌木迷迭香开出了浅紫色的小花。朱蕉和麻兰等植物棱角鲜明的叶子为露天起居室增加了一份现代气息。

| 1 | 2 | 3 | 4 |

1 波士顿蕨（上）、鹿角蕨（下）。川村明子自己贴的金属锡板天花板引人注目。

2 以川村明子父亲的画为背景，鹿角蕨展现出强有力的姿态。

3 花很长时间培育的蓝长序龙舌兰。

4 波士顿蕨浅绿色的叶子很美。

植物索引

Original Japanese title: IENI MOTTO GREEN WO SHOKUBUTSU TO KURASU IDEA

Copyright © 2021 Asahi Shimbun Publications Inc.

Original Japanese edition published by Asahi Shimbun Publications Inc.

Simplified Chinese translation rights arranged with Asahi Shimbun Publications Inc.

through The English Agency (Japan) Ltd. and Shanghai To-Asia Culture Co., Ltd.

摄影	花田 梢 BROCANTE
封面、正文设计、DTP	平本佑子
插画	林 yuuko
撰稿	冈田稔子（谷中事务所）
企划编辑	朝日新闻出版 生活·文化编辑部（森 香织）
执行编辑	东村直美、冈田稔子（谷中事务所）

本书由朝日新闻出版授权机械工业出版社在中国大陆地区（不包括香港、澳门特别行政区及台湾地区）出版与发行。未经许可之出口，视为违反著作权法，将受法律之制裁。

北京市版权局著作权合同登记　图字：01-2021-6699 号。

图书在版编目（CIP）数据

绿植格调：250种清新植物挑选·装饰·养护 / 日本朝日新闻出版编著；佟凡译. —北京：机械工业出版社，2022.6
（养花那点事儿）
ISBN 978-7-111-70685-4

Ⅰ．①绿… Ⅱ．①日… ②佟… Ⅲ．①观赏植物 - 观赏园艺 Ⅳ．①S68

中国版本图书馆CIP数据核字（2022）第076252号

机械工业出版社（北京市百万庄大街22号 邮政编码100037）
策划编辑：于翠翠　　　　责任编辑：于翠翠
责任校对：韩佳欣 李 婷 责任印制：郜 敏
北京瑞禾印刷有限公司印刷

2022年6月第1版·第1次印刷
187mm×260mm·8印张·2插页·135千字
标准书号：ISBN 978-7-111-70685-4
定价：69.80元

电话服务	网络服务
客服电话：010-88361066	机 工 官 网：www.cmpbook.com
010-88379833	机 工 官 博：weibo.com/cmp1952
010-68326294	金 书 网：www.golden-book.com
封底无防伪标均为盗版	机工教育服务网：www.cmpedu.com